NAINIU YINGYANG
YU SIWEI GUANJIAN JISHU

与饲喂关键技术

何开兵 董 峰 叶翠芳 主编

中国农业科学技术出版社

图书在版编目(CIP)数据

奶牛营养与饲喂关键技术／何开兵，董峰，叶翠芳主编．--北京：中国农业科学技术出版社，2025.6.
ISBN 978-7-5116-7384-8

Ⅰ.S823.5

中国国家版本馆 CIP 数据核字第 20250KH931 号

责任编辑　张国锋
责任校对　李向荣
责任印制　姜义伟　王思文

出 版 者	中国农业科学技术出版社
	北京市中关村南大街 12 号　　邮编：100081
电　　话	(010) 82109705 (编辑室)　　(010) 82106624 (发行部)
	(010) 82109709 (读者服务部)
网　　址	https://castp.caas.cn
经 销 者	各地新华书店
印 刷 者	北京建宏印刷有限公司
开　　本	148 mm×210 mm　1/32
印　　张	7.875
字　　数	204 千字
版　　次	2025 年 6 月第 1 版　2025 年 6 月第 1 次印刷
定　　价	68.00 元

◁ 版权所有·翻印必究 ▷

2023年新疆兵团第一批"天山英才"支持计划（"三农"骨干人才项目）：奶牛精准营养与饲喂关键技术研究与应用。

2024年兵团重点领域科技攻关：奶牛生产性能数智化应用与智慧诊疗关键技术创新与示范，项目编号2024AB035。

《奶牛营养与饲喂关键技术》

主　编：何开兵　董　峰　叶翠芳
副主编：窦立静　李　丹　王煜舒　吴　洁
　　　　杨　阳　欧四海　马　宏　万　姣
　　　　王　丹　周　彬　马明新　李勇军

前 言

奶业是农业现代化的标志性产业，也是助力健康中国建设不可或缺的基础性产业。自 2022 年下半年以来，全国奶业形势严峻，奶源产能阶段性过剩、奶价持续下行，奶业全链条各环节均承受了较大压力，产业压力不断向养殖端传导，奶牛养殖业正经历着前所未有的困境，持续遭遇历史罕见的"冰霜期"。奶牛养殖面临着提高生产效率和降低成本等诸多挑战，面对原奶过剩和价格倒挂的困境，行业内外需携手并进，通过压缩产能、优化牛群结构、节本增效等多措并举，共同推动奶业健康可持续发展。

一、行业背景与挑战：变革中的奶牛养殖业

当前，全球奶牛养殖业正处于深度调整与转型升级的关键阶段。在中国，这一现象尤为突出：截至 2024 年，奶牛养殖业亏损面已突破 80%，奶价跌至 3.34 元/kg，部分没有签订牛奶收购合同的地区，牛奶收购价仅 2 元左右，千克奶利润首次进入负值区间。这一困境的背后，是多重结构性矛盾的叠加。

1. 需求端的萎缩与分流

乳制品全渠道收入增速连续三年下滑，2024 年线下渠道增速低至 -3.5%。消费者偏好转向植物蛋白饮品、功能性饮料等新兴品类，乳制品市场被多元化的替代产品持续挤压。

2. 供应侧的过剩与低效

2019—2023 年，国内牛奶产量年复合增长率达 7%，人均牛奶占有量增加 8 kg，但粗放式扩张导致产能过剩，引发价格战与利润空间坍塌。饲料成本占养殖总成本的 60%～70%，而玉米、豆粕等价格波动加剧了成本压力。

3. 技术与管理的滞后

传统饲喂模式难以应对规模化养殖需求，个体营养差异未被精准识别，导致饲料转化率低、代谢病高发等问题。这些挑战呼唤着行业从"数量扩张"向"质量效益"转型，而精准营养与饲喂技术正是这一转型的核心杠杆。

二、技术突破与产业机遇：营养科学的革命性作用

近年来，奶牛精准营养与饲喂技术创新为解决行业痛点提供了科学路径。

1. 全混合日粮（TMR）的精细化升级

TMR 技术通过平衡精粗饲料配比，显著提升奶牛生产性能。天津市地方标准《奶牛全混合日粮精准饲喂技术规范》（DB12/T 1381—2024）系统整合了分群管理、饲料制备与品质控制流程，将饲喂误差率降低至 5% 以内。国家乳业技术创新中心的研究表明，优化 TMR 配方可使泌乳牛单产提升 2 kg/（头·日），饲料成本降低 0.05 元/kg。

2. 精准营养调控的智能化实践

数据驱动的精准饲喂：基于 NDF、ADF 及 eNDF 等指标的动态监测，精准计算干物质采食量（DMI），实现"按需供给"。

3. 智能设备的集成应用

双轨饲喂机器人、自动称重补饲装置等设备通过物联网技术实时采集奶牛生理数据，动态调整饲喂策略，减少饲料浪费 15%～20%。

4. 全生命周期营养管理

针对犊牛、后备牛、成母牛等不同生理阶段，国家乳业技术创新中心开发了分段营养调控方案。

犊牛期：无抗日粮与抗腹泻技术将成活率提升至98%；

成母牛期：泌乳高峰期营养干预使平均日单产突破41 kg，达到国际先进水平。

这些技术突破不仅缓解了养殖成本压力，更通过提升乳品质（如支链脂肪酸含量）增强了产品市场竞争力。

三、本书的框架与创新价值

本书立足于理论与实践的双重维度，系统构建奶牛营养与饲喂技术的知识体系。

结构设计

基础理论篇（第一～第八章）：解析奶牛消化生理、营养原理、营养需求模型；

技术应用篇（第九～第十章）：详解奶牛常用饲草料营养特点与评价和各阶段奶牛日粮配制技术，最后介绍几种实用奶牛精准营养与饲喂关键技术。

创新价值：本书以新疆地源性饲草料营养特性为基础，充分挖掘地源性饲草料饲用价值和最大化利用，提炼出适宜新疆气候与资源条件的奶牛营养与饲喂模式。

四、致谢与愿景

在编写本书的过程中，我们参考了大量的文献资料，并得到了许多行业专家和同仁的大力支持和帮助。在此，对他们提出的宝贵意见和无私分享表示衷心的感谢，对所有支持和帮助完成本书编写的人员和单位表示衷心的感谢。

我们期望，本书能为从业者提供从理论到实操的系统指导，为科研人员开拓创新思路，最终助力中国奶业突破"大而不强"的瓶颈，在全球产业链中占据更高价值位阶。

谨以此书，献给所有致力于提升奶牛福利与养殖效率的实践者与思考者。

因本书编者的水平有限且时间仓促，书中知识难免有疏漏与不足之处，敬请广大读者和奶牛养殖朋友们提出宝贵意见。

编 者

2025 年 3 月

目 录

第一章 奶牛消化生理与营养基础 ·· 1
第一节 奶牛的消化系统 ··· 1
第二节 奶牛的消化生理特点 ·· 5
第三节 奶牛瘤胃的功能 ··· 8

第二章 奶牛的干物质采食量 ·· 11
第一节 奶牛干物质采食量预测 ·· 11
第二节 干物质采食量的营养调控 ······································ 13

第三章 奶牛的能量代谢与需要量 ······································ 16
第一节 奶牛的能量体系 ·· 16
第二节 奶牛的能量供给 ·· 18
第三节 奶牛的能量需要 ·· 20

第四章 奶牛的蛋白质营养与需要量 ··································· 25
第一节 饲料蛋白质在瘤胃中的降解 ··································· 25
第二节 瘤胃微生物蛋白质的合成及其氨基酸组成 ··················· 29
第三节 蛋白质在小肠中的吸收 ·· 37

第五章 奶牛的碳水化合物营养与需要量 ······························ 40
第一节 饲料碳水化合物营养与评价 ··································· 40
第二节 碳水化合物的营养需要量 ····································· 48

第六章 奶牛的脂肪营养与需要量 ······································ 50
第一节 奶牛日粮中脂肪的种类和作用 ································ 50

第二节　脂肪的消化吸收与代谢 …………………… 52
　　第三节　奶牛脂肪的营养需要量 …………………… 56
第七章　奶牛的矿物质营养与需要量 ………………… 58
　　第一节　奶牛常量矿物元素营养与需要量 ………… 58
　　第二节　奶牛必需微量元素营养与需要量 ………… 71
第八章　奶牛的维生素营养与需要量 ………………… 81
　　第一节　奶牛的脂溶性维生素营养与需要量 ……… 81
　　第二节　奶牛的水溶性维生素营养 ………………… 86
第九章　奶牛日粮配制技术 …………………………… 92
　　第一节　奶牛常用饲料营养特点 …………………… 92
　　第二节　犊牛的营养需要与日粮配制 ……………… 136
　　第三节　育成牛和青年牛营养需要与日粮配制 …… 148
　　第四节　干奶及围产期奶牛营养需要与日粮配制 …… 154
　　第五节　泌乳期奶牛营养需要与日粮配制 ………… 166
第十章　奶牛精准饲喂关键技术 ……………………… 173
　　第一节　奶牛分群饲养管理技术 …………………… 173
　　第二节　奶牛母子一体化养殖关键技术 …………… 180
　　第三节　奶牛 TMR 质量控制与综合评价技术 …… 183
　　第四节　提高泌乳奶牛饲料转化效率的综合技术 …… 193
附录　奶牛常用饲料营养价值表 ……………………… 199
参考文献 ………………………………………………… 238

第一章　奶牛消化生理与营养基础

第一节　奶牛的消化系统

奶牛是以摄食草本植物为主要食物来源的反刍动物，其消化系统的组成结构和消化生理功能，与猪禽等单胃动物有显著不同，有复杂的复胃结构和丰富的瘤胃微生物区系，结构和功能与其生理和采食习性相适应，决定了奶牛的饲料组成、消化过程的独特性，具有较强的采食、消化、吸收和利用粗饲料（包括秸秆）的能力，可以消化和利用大量的粗饲料。消化道由口腔、食道、胃（瘤胃、网胃、瓣胃、皱胃）、肠、肛门等消化道和唾液腺、肝脏、胆囊、胰腺等消化腺组成，如图1-1所示。

奶牛进食的草料进入口腔稍加咀嚼后，经食道进入瘤胃，在瘤胃内浸泡和软化、混合，经瘤胃微生物发酵，没有完全被消化的饲料经过反刍（奶牛采食速度较快，大多未经充分咀嚼即吞咽进入瘤胃，休息时经逆呕再重新回到口腔仔细咀嚼，此过程称为反刍）回到口腔内再次仔细咀嚼，重新吞咽到瘤胃、网胃中，继续进行微生物降解发酵。饲草料经微生物发酵产生大量的挥发性脂肪酸，如乳酸、乙酸、丙酸、丁酸等，被瘤胃和网胃壁黏膜吸收到血液中，剩下的食糜和微生物再经过瓣胃和皱胃的消化作用，最后进入小肠，养分经过小肠消化后吸收进入血液中，残渣排出体外。消化器官的结构功能和消化过程如下。

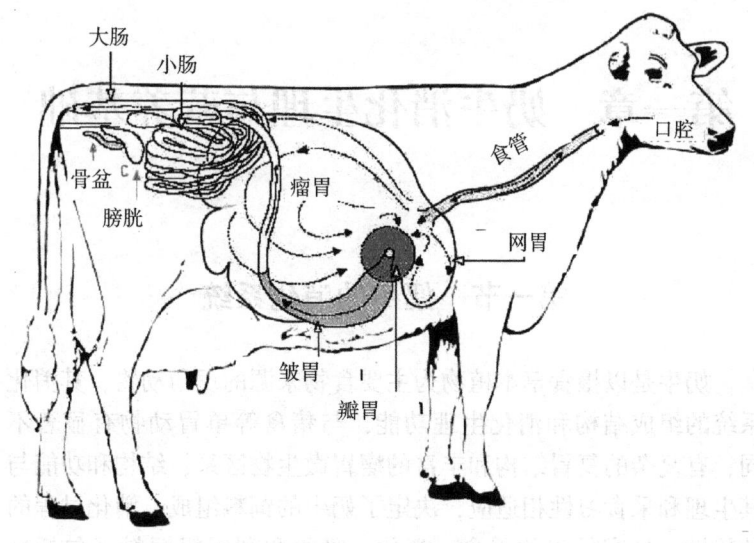

图 1-1　奶牛的消化系统
（引自亚禾营养）

一、口腔

奶牛的口腔主要由唇、齿、舌和唾液腺组成，是吞食、咀嚼、混涎和进行反刍的器官。唇、齿和舌是重要的摄食器官，唇由上唇和下唇组成，短厚但不灵活，是采食鲜嫩多汁饲草和谷物等小颗粒饲料的重要摄食器官；奶牛没有上切齿，其功能被坚韧的齿板所代替，仅有臼齿，故无法有效咀嚼坚硬的食物；舌长且灵活，表面粗糙，有利于卷食草料，但敏感度较差，易误食混杂于草料中的异物。

奶牛的唾液腺很发达，由腮腺等 5 个成对腺体和腭腺等 3 个单一腺体组成，上述腺体所分泌的消化液的混合物就是唾液，奶牛每天产生 200~250 L 唾液，含有碳酸盐和磷酸盐等缓冲物质，呈弱碱性，具有缓冲作用，对保持瘤胃酸碱平衡有重要作用；同时，唾液还具有湿润饲草料、杀菌、保护口腔作用，并增加瘤胃液总量，并为瘤胃微生物提供丰富的养分，大量的瘤胃液可以维持瘤胃内容物随瘤胃蠕动而翻转，使粗糙长草浮于瘤胃上层，形成草垫层，有利于反刍；嚼细已充分发酵吸收水分的饲料沉于胃底，随反刍向瓣胃、皱胃移动。

二、食管

食管是饲草料的消化通道，连接咽和瘤胃，成年奶牛食管长约 1.1 m，草料在口腔稍经咀嚼并与唾液混合后，通过食管吞咽进入瘤胃，较长的食糜刺激前胃敏感区域，通过神经反射促进瘤胃蠕动，使较长的食糜有规律地通过逆呕作用经食管返回到口腔，经反复咀嚼后再吞咽进入瘤胃。

三、胃

奶牛的胃是复杂的复胃结构，由庞大的瘤胃、网胃、瓣胃及皱胃组成。其中瘤胃、网胃、瓣胃合称为前胃，皱胃具有胃腺，能分泌胃液，也称真胃。刚出生时，皱胃容积最大，随着月龄的增长，犊牛对长干草等粗饲料的采食量逐渐增加，刺激瘤胃和网胃快速发育，容积逐渐增大，瘤胃微生物区系逐步形成，而皱胃容积相对变小，到 6~9 月龄时，瘤胃功能基本健全，开始具备成年牛的消化功能。

（一）瘤胃

瘤胃是奶牛重要的消化器官，具有对饲草料进行物理消化和微生物消化的功能，占据整个腹部左半侧和右侧下半部分。瘤胃没有消化腺，不具有分泌消化液的功能，但有大量的微生物，可将饲草料的碳水化合物分解成挥发性脂肪酸，为奶牛提供能量。同时，瘤胃中的微生物还能合成 B 族维生素和维生素 K 等营养物质，对奶牛的健康具有重要意义。

(二) 网胃

网胃位于瘤胃前部，功能与瘤胃相似。网胃还有捕捉误食异物的功能，如金属、石头、塑料等，防止它们进入其他胃室，造成损伤或者堵塞。

(三) 瓣胃

瓣胃呈叶片状结构，对食糜有进一步磨碎和搅拌作用，有助于提高食糜在皱胃中的消化效率；瓣胃能够吸收食糜中的大量水分和一些电解质，如钠、钾、氯等，有助于维持体内的水和电解质平衡。

(四) 皱胃

皱胃是奶牛的真胃，也称腺胃，能够分泌盐酸和消化酶，如胃蛋白酶和凝乳酶，可将食糜中的蛋白质分解成小分子肽和氨基酸，便于吸收。皱胃胃液还可以杀死食糜中的微生物，为奶牛提供菌体蛋白。

四、肠道

奶牛的肠道包括小肠和大肠，是消化和吸收营养物质的主要场所。

(一) 小肠

小肠是食物消化和吸收的主要部位，由十二指肠、空肠和回肠组成。十二指肠是小肠的起始部位，接收来自皱胃的食糜，并接收来自肝脏的胆汁和来自胰腺的胰液，胆汁能乳化脂肪，使其更容易被消化，胰液含有多种消化酶，如胰脂肪酶、胰蛋白酶和胰淀粉酶，有助于脂肪、蛋白质和碳水化合物分解。空肠和回肠则进一步分解食物颗粒，对蛋白质和碳水化合物进行最终分解和吸收。

（二）大肠

大肠主要由盲肠、结肠和直肠组成，主要功能是吸收水分和电解质，以及形成和储存粪便。盲肠相对较小，与回肠相连，主要功能是发酵一些难以消化的纤维物质；结肠是大肠的主要部分，它进一步吸收水分和电解质，同时参与形成粪便，结肠中的微生物也参与发酵过程，帮助分解一些剩余的纤维；直肠是大肠的末端，负责储存粪便，并适时将其排出体外，直肠不参与消化或吸收过程，但它在控制排便过程中起着重要作用。

第二节 奶牛的消化生理特点

奶牛的消化生理特点主要体现在其复杂的消化系统上，与其他单胃动物相比有显著差异。

一、反刍

反刍是奶牛适应其饮食结构的一种独特生理机制，是反刍动物共有的行为特征，也是反刍动物特有的消化机制，对于奶牛的健康和生产性能至关重要。反刍行为的建立与瘤胃的发育有关，犊牛大约在3周龄时开始反刍。牛有竞食性，自由采食时会相互抢食，饲养中可利用这个特点来增加奶牛对劣质饲料的采食量。通常饲草料未经充分咀嚼就直接吞咽进入瘤胃，在瘤胃中经瘤胃液浸泡、软化，在休息时经逆呕作用使食糜重回口腔经再咀嚼，再次混入唾液并再吞咽进入瘤胃，以增加唾液分泌并促进纤维消化。

通常，奶牛采食 0.5~1 h 后开始反刍，每次持续 15~45 min，每天反刍 9~16 次，唾液分泌 200~250 L。唾液中的碳酸盐和磷酸盐等缓冲物质能够中和瘤胃发酵产生的酸性物质，有助于维持瘤胃 pH 值稳定在中性偏酸环境，既有利于纤维的降解，也能促进瘤胃微生物的生长。

反刍频率和反刍时间与奶牛的年龄及饲草料的物理特性有关。后备牛因日粮因素反刍次数高于成年牛，采食粗劣牧草纤维含量较高，需要更长的时间来咀嚼和分解，因此比幼嫩多汁饲料反刍时间长，精料通常含有较高的能量和蛋白质，但纤维含量较低，因此反刍时间短，频率也较低。同时，许多因素会干扰或影响奶牛的反刍，如处于发情期的奶牛，由于激素水平的变化，可能会减少反刍活动，但通常不会完全停止。任何引起疼痛、饥饿、母性忧虑或疾病等因素都能影响反刍活动。

二、瘤胃

瘤胃是奶牛消化系统中非常重要的消化器官，具有物理消化和微生物消化的功能。

1. 物理消化功能

瘤胃作为一个大型的可连续接种和高效率的活体发酵罐，其物理消化功能主要体现在对饲料的初步处理上。奶牛通过咀嚼粗饲料，将饲料与唾液混合后咽下，进入瘤胃。在瘤胃中，饲料会经历进一步的物理性破坏，如纤毛虫对粗纤维的结构进行物理性破坏，这有助于增加饲料表面积，为微生物的附着和发酵提供便利。瘤胃壁布满了许多指状突起、乳头状小突起，大大地增加了从瘤胃吸收营养物质的面积。

2. 微生物消化功能

瘤胃中的微生物消化功能是奶牛消化过程中最为关键的部分。瘤胃内含有大量的微生物，包括细菌、原虫和真菌。这些微生物在厌氧环境下对饲料进行发酵，将纤维素和半纤维素等复杂的碳水化合物转化为乙酸、丙酸和丁酸等挥发性脂肪酸，是奶牛能量的主要来源。同时，瘤胃微生物还能合成 B 族维生素和维生素 K，以及微生物菌体蛋白，为奶牛提供额外的营养素。

瘤胃微生物的活性功能类群对反刍动物的消化至关重要，它们能将植物纤维和其他难以消化的物质转化为可吸收的营养成分，为机体提供 70%~80% 的能量来源。

瘤胃的消化效率受多种因素的影响，包括饲草料的种类、瘤胃内环境的 pH 值、温度以及微生物的种类和丰度。通过对瘤胃发酵条件的调控，可以维持瘤胃的物理和化学环境，使瘤胃微生物在适宜的生存条件下保持足够的数量和旺盛的活力，从而提高奶牛的生产潜能。

三、食管沟反射

食管沟是反刍胃内特有的附属结构，是由两片肥厚的肉唇构成一个半关闭的沟，起自贲门，延伸至网-瓣胃孔。食管沟的主要功能是在犊牛吸吮乳汁时，通过反射性地收缩，将乳液或流质食物从食道沟直接流入瓣胃，经瓣胃管进入皱胃，绕过瘤胃和网胃。这个反射动作是由吮吸刺激或液体中的固体颗粒刺激引发。具体来说，当犊牛吸乳时，分布在唇、舌、口腔及咽部黏膜的感受器受到刺激，通过神经将信号传入延髓的反射中枢，然后迷走神经将指令传出，作用于食管沟，导致其收缩成管状。这样的生理机制确保了犊牛在哺乳阶段能够高效地消化和吸收母乳中的营养成分，同时避免了乳汁在瘤胃中发酵腐败，保护了犊牛的消化系统。随着犊牛的成长，食管沟的活动会逐渐减弱，成年后则完全丧失活动，此时饮入的水可进入瘤胃。

为了强化食管沟的闭合反射，哺乳期犊牛的细心管理至关重要。第一，要使犊牛铭记喂奶的方式，犊牛需要习惯于特定的喂奶方式，无论是桶喂还是壶喂，这有助于保持犊牛在吸吮时的兴奋性，从而促进食管沟反射；第二，避免犊牛饮液动机发生混乱，如果使用相同的饮液方式，水可以自由饮用，而奶或代乳品则应限量并以一定的间隔饲喂，以保持犊牛对奶的吸吮反射。

随着犊牛年龄的增长，食管沟闭合反射逐渐减弱以至消失。但如果一直连续用奶壶饲喂，则到成年阶段仍然可以保留食管沟反射。在生产实践中，利用食管沟反射的特性，可以给成年牛投药，使药液直接进入瓣胃和皱胃，确保药效。此外，某些无机盐类如 $NaCl$、$NaHCO_3$，葡萄糖等能够刺激食管沟，促使闭合，有助于药物直接输送到皱胃，提高药物的治疗效果。

第三节 奶牛瘤胃的功能

瘤胃是奶牛的主要消化器官，具有贮存和加工食物、参与反刍、促进食糜混合循环和微生物发酵的功能。

一、瘤胃微生物

瘤胃是反刍动物特有的消化器官，栖息着复杂、多样非致病的各种微生物，这些微生物对奶牛的营养吸收和生理健康起着至关重要的作用。瘤胃微生物由细菌、原虫、真菌和噬菌体构成。瘤胃液中含有细菌 $10^9 \sim 10^{11}$ 个/mL，原虫 $10^4 \sim 10^7$ 个/mL，真菌 $10^3 \sim 10^5$ 个/mL。

1. 细菌

瘤胃中细菌根据其发酵底物类型分为：纤维分解菌、淀粉分解菌、蛋白质分解菌、脂质分解菌，以及乳酸利用菌、产甲烷菌和毒素分解菌。瘤胃细菌在奶牛的消化和营养吸收中发挥着重要作用。

2. 原虫

原虫是奶牛瘤胃微生物群落中的重要组成部分，主要包括纤毛虫和鞭毛虫两种，以纤毛虫为主，能够发酵糖、果胶、纤维素和半纤维素，产生乙酸、丙酸、乳酸、CO_2 和 H_2 等挥发性脂肪酸和气体，是奶牛能量的主要来源；还有降解蛋白质、水解脂类、氢化不饱和脂肪酸或使饱和脂肪酸脱氢的作用，对奶牛的营养吸收和生理健康起着至关重要的作用。

3. 真菌

瘤胃中真菌虽然数量相对较少，约占瘤胃总生物量的 8%~20%，但在消化和营养吸收中同样发挥着重要作用，具有降解纤维素和木聚糖的功能。

4. 噬菌体

被称为微生物的病毒，吸附于瘤胃内细菌，向细菌内注入核酸，使细菌解体，噬菌体通过感染和杀死特定的细菌，帮助维持瘤胃内微生物的平衡，防止某些细菌的过度繁殖。

二、瘤胃微生物与食糜消化

瘤胃微生物参与奶牛的食糜消化过程。瘤胃微生物在食糜的发酵过程中起着重要作用。它们通过复杂的生化反应，将摄入的草料分解成可以被奶牛吸收和利用的营养物质。

纤维素和半纤维素的分解：瘤胃中细菌，能够分解食糜中的纤维素和半纤维素，将其转化为单糖。这些单糖进一步发酵生成挥发性脂肪酸（VFA），如乙酸、丙酸和丁酸，为奶牛提供能量。

淀粉分解：淀粉分解菌，分解淀粉，产生更多的 VFA，增加能量的获取。

蛋白质的消化与利用：饲料蛋白质在瘤胃内被微生物降解为游离氨基酸，游离氨基酸在碳水化合物供应充足时，可以直接用来合成微生物菌体蛋白，碳水化合物缺乏时，氨基酸被降解，产生 NH_3、CO_2 和 VFA。瘤胃微生物还能利用饲料中的非蛋白氮合成微生物菌体蛋白,微生物菌体蛋白在小肠中被消化,释放出氨基酸,是奶牛蛋白质营养的重要来源。

维生素的合成:瘤胃微生物能够合成 B 族维生素和维生素 K,这些维生素对奶牛的健康和生理功能至关重要。

甲烷的产生与调控:产甲烷菌,利用瘤胃中的 CO_2 和 H_2 发生还原反应生成甲烷,这一过程对维持瘤胃微生物区系平衡有重要意义。然而,甲烷的产生也是能量损失的一个途径,因此,减少甲烷排放是提高饲料转化效率和减少环境污染的重要研究方向。

饲料转化效率:瘤胃微生物通过发酵饲料碳水化合物、利用低品质蛋白质饲料和尿素等非蛋白氮合成高品质微生物菌体蛋白,从而提高饲料的转化效率。

微生物群落的相互作用:瘤胃中的细菌、真菌和原虫之间存在复杂的相互作用,这些相互作用影响着饲料的消化和能量的代谢。

第二章 奶牛的干物质采食量

干物质采食量（DMI）是指奶牛在一定时间（24 h）内摄入的饲料干物质的总量，饲料干物质中包含奶牛所需各种养分，养分的摄入量是通过干物质采食量实现，故干物质采食量是评估奶牛营养状况和生产性能的重要指标，与产奶量及泌乳牛的盈利能力密切相关，是影响奶牛获取营养物质的关键因素，也是影响其饲喂效率的主要因素，既要保证充足的营养供给，同时又要防止过度饲喂。

第一节 奶牛干物质采食量预测

合理的 DMI 奶牛获取所需营养并维持健康的必要条件，准确的 DMI 是配方设计的基础，DMI 的预测推荐使用 NASEM（2021）奶牛 DMI 预测公式推算，考虑了胎次、日粮 NDF 含量和产前周数等因素，对不同生理阶段奶牛的 DMI 进行更精确的评估，可以根据饲料成分和奶牛的产前状态来调整 DMI 的预测值，有助于更精确地制订日粮计划，以满足奶牛的营养需求，同时考虑到产后健康的维护。

一、泌乳牛

$$DMI(kg/d) = [(3.7+胎次\times5.7)+0.305\times Milk\ E(Mcal/d)+0.022\times BW(kg)+(-0.689-1.87\times胎次)\times BCS]\times[1-(0.212+胎次\times0.136)\times e^{(-0.053\ xDMI)}] \quad (式2-1)$$

式中：Milk E-乳中能量，Mcal/d；BW-体重，kg；BCS-体况评分。

本预测 DMI 方程式仅考虑奶牛胎次、乳中能量、体重和体况等动物因素影响。其中胎次、乳中能量和体重对采食量有正面的影响，胎次高、产量高、体重大的牛所需采食量较高；而体况评分对采食量有负面的影响，体况评分高的牛所需采食量较低。

DMI（kg/d）= 12.0 - 0.107 × fNDF + 8.17 × ADF/NDF + 0.0253 × fNDFD - 0.328 × (ADF/NDF - 0.602) × (fNDFD - 48.3) + 0.225×MY + 0.00390× (fNDFD-48.3) × (MY-33.1)

(式2-2)

式中：fNDF-粗饲料 NDF 含量,%；ADF/NDF-ADF 在日粮 NDF 中所占比例；fNDFD-饲料 NDF 的体外或半体内消化率,%；MY-产奶量，kg/d。

本预测 DMI 方程式考虑了日粮中粗饲料含量对采食量的限制作用，日粮 fNDF 和 ADF 在日粮 NDF 中占比对采食量有负面影响，日粮中来自粗饲料的 NDF 越高，采食量越低，ADF 含量越高，消化率越低；而 fNDFD 对采食量有正面影响，日粮中 fNDFD 越高，采食量则越高。

日粮配方设计时，通常按"式 2-1"预测群体 DMI，根据预测 DMI 和营养需要量设计日粮配方，再按"式 2-2"对所设计配方 DMI 进行验证，满足营养需要的情况下奶牛能吃得下。

二、青年牛

与 NRC（2001）相比，NASEM（2021）将成年体重（MatBW）引入方程式，进一步降低了 DMI 预测偏差，并适用于所有品种奶牛 DMI 预测，假定荷斯坦牛的 MatBW 为 700 kg。

DMI（kg/d）= 0.022×MatBW× $\left[1-e^{[-1.54\times(BW/MatBW)]} \right]$

(式2-3)

Hoffman 等（2008）提出了基于 NDF 进行 DMI 预测的方程式，仅适用于荷斯坦牛，NASEM（2021）在此基础上引入成年体重（MatBW）进行校正后，适用于所有品种奶牛。

$$\text{DMI (kg/d)} = [0.0226 \times \text{MatBW} \times (1 - \exp^{[-1.47 \times (BW/MatBW)]})] - 0.082 \times \{\text{NDF} - [23.1 + 56 \times (BW/MatBW) - 30.6 \times (BW/MatBW)^2]\} \quad (\text{式}2-4)$$

日粮配方设计时，通常按"式2-3"预测群体 DMI，根据预测 DMI 和营养需要量设计日粮配方，再按"式2-4"对所设计配方 DMI 进行验证，满足营养需要的情况下奶牛才能吃得下。

第二节　干物质采食量的营养调控

DMI 是评价和衡量奶牛营养状况的重要指标，与奶牛的生产性能、繁殖性能及发病率有关，提高 DMI 对于改善奶牛的生产性能和经济价值具有重要意义。DMI 受奶牛体重、产奶量和泌乳天数等因素影响，由瘤胃充盈度和消化速度决定。

一、影响干物质采食量的因素

影响奶牛 DMI 的主要因素有：日粮因素、奶牛行为、生理因素、管理因素、环境因素、饲喂方式和自身因素等。

1. 日粮因素

（1）水分含量、NDF、ADF、脂肪含量、精粗比例、适口性等。

（2）不可消化干物质是 DMI 的主要限制因素。

（3）消化率上升时 DMI 增加。

（4）粗饲料作为主要成分时，瘤胃充盈程度是限制因素。

2. 奶牛行为和管理因素

（1）社群地位、竞争。

(2) 匀槽次数、投料次数、转舍、转群等管理操作。

3. 生理因素

(1) 不同生理阶段 DMI 差异大。

(2) 能量需求、激素分泌、瘤胃容积变化。

4. 环境因素

(1) 热应激、冷应激、通风。

(2) 环境温度对 DMI 的影响。

5. 饲喂方式

全混合日粮（TMR）有助于提高 DMI。

6. 采食时间

充足的采食时间有助于提高 DMI。

7. 自身因素

体重、乳脂率、泌乳天数、胎次等。

二、提高干物质采食量的营养调控

DMI 是维持奶牛健康和生产所需养分的必要物质，要保证正常的生理和生产性能必须确保其采食量，并使 DMI 最大化，优化奶牛的 DMI，建议采取以下措施。

1. 饲喂优质粗饲料

(1) 确保粗饲料质量，提供有效纤维。

(2) 优质苜蓿干草和全株玉米青贮是最佳选择。

2. 日粮营养均衡

按照营养标准合理配制日粮。

3. 饲草加工调制

切短、压扁、浸泡、揉碎、氨化处理等。

4. 合理控制精粗比

产奶高峰期精粗料比例 60∶40 为宜。

5. 饲喂管理

凉爽时段饲喂，及时推料，保持饲草料清洁新鲜，随时能够吃到饲料，否则间断时间一长，即使没吃饱，牛只要一开始反刍就不再采食了。

6. 舒适的环境

提供良好的运动场环境，防暑降温、防风保暖。

7. 充足清洁的饮水

奶牛随时喝到清洁的饮水。

8. 合理分群和转群

避免因体重小或地位低而吃不饱的现象。

9. 关注干奶牛和新产牛的营养管理

干奶牛采食低能日粮，新产牛提高日粮营养浓度。

第三章 奶牛的能量代谢与需要量

奶牛的能量代谢涵盖了奶牛对能量的摄入、转化和利用的整个生理生化过程，包括碳水化合物、脂肪和蛋白质的消化、吸收和利用，能量代谢对奶牛的生长、生产、健康和繁殖有重要影响。

第一节 奶牛的能量体系

奶牛的能量体系有能量需要和能量供应两个方面，其中能量需要包括维持、生长、泌乳和妊娠需要，能量供应包括总能（GE）、消化能（DE）、代谢能（ME）和泌乳净能（NE_L）。其中，DE等于GE减去粪能，ME等于DE减去尿能和气体能，NE_L等于ME减去热增耗（图3-1）。奶牛能量体系采用NE_L单位，该能量体系不仅用于泌乳，更是奶牛维持和生产所需的总能量。

目前，奶牛的能量需要的研究和应用已从总能和消化能评定体系转变为更加精确的代谢能评定体系和净能评定体系，净能评定体系是动物营养领域对饲料能值评定和能量需要量评估的趋势，美国、欧洲和我国均采用净能评定体系。

饲料NE_L等于ME减去热增耗，由于热增耗的检测及影响因素较多，NASEM（2021）与NRC（2001）版一样，都采用了转化效率系数。但是，在NASEM（2021）中，ME转化为NE_L的效率由0.64增加至0.66（表3-1）。

第三章 奶牛的能量代谢与需要量

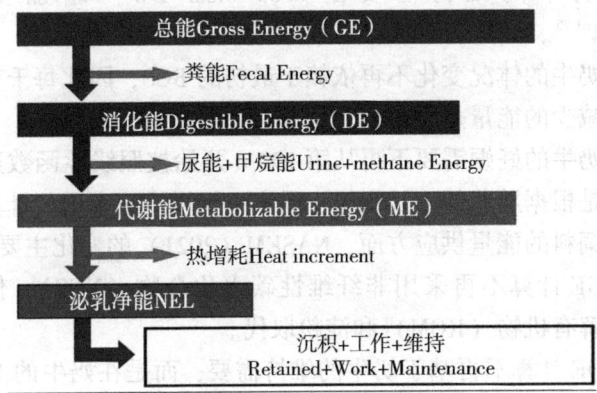

图 3-1 奶牛的净能体系

图片来源：俄亥俄州立大学。

表 3-1 能量转化效率系数调整情况

指标	1963—1995	1974—1995	NRC（2001）	NASEM（2021）
维持 ME（Mcal/kg BW$^{0.75}$）	0.14	0.16	0.13	0.15
维持 NE$_L$（Mcal/kg BW$^{0.75}$）	0.086	0.1	0.08	0.1
转化系数				
ME 转化为 NE$_L$	0.63	0.66	0.64	0.66
ME 转化为 RE（泌乳期）	0.7	0.74	0.75	0.74
NEL 转化为 RE（泌乳期）	1.11	1.12	1.17	1.12
RE 转化为 NE$_L$	0.89	0.89	0.82	0.89
ME 转化为 RE（干奶期）	—	—	0.6	0.6
NEL 转化为 RE（干奶期）	—	—	0.94	0.91

注：RE 为体组织沉积能量。资料来源：NASEM（2021）。

在奶牛的能量需求方面，NASEM（2021）的变化主要如下。

①奶牛的维持需要由 0.08 Mcal BW$^{0.75}$ 增加至 0.10 Mcal BW$^{0.75}$。

②奶牛的体况变化不再依赖于最初的 BCS，因此每千克体重增加或减少的能量是固定值。

③奶牛的妊娠需要不再从第 190 d 开始按照线性函数进行计算，而是根据胎儿的生长规律、子宫组织增重速率进行计算。

在饲料的能量供应方面，NASEM（2021）的变化主要如下。

①GE 计算不再采用非纤维性碳水化合物（NFC），使用瘤胃可降解有机物（ROM）和淀粉取代。

②DE 计算不再基于奶牛的维持需要，而是在奶牛的 DMI 占体重 3.5%，日粮淀粉为 26% 的情况下进行计算，并且量化了 DMI 和淀粉对 NDF 消化率的影响，以及 DMI 对淀粉消化率的影响。

③DE 转化为 ME 不再采用固定系数，而是采用尿能和气体能。

④在泌乳阶段，ME 转化为 NE_L 的效率系数由 0.64 增加为 0.66。

第二节 奶牛的能量供给

奶牛的能量供给主要依赖于碳水化合物、脂肪和蛋白质等营养物质。奶牛采食饲料后，碳水化合物、脂肪和蛋白质在瘤胃微生物和胃肠道消化液的作用下降解为可吸收的物质，如 VFA、葡萄糖、氨基酸、脂肪酸和甘油等，这些物质在奶牛体内既可被合成大分子有机化合物，并以化学能形式贮存能量，又可在机体的糖酵解、三羧酸循环或氧化磷酸化过程中释放出能量，并且最终以 ATP 的形式满足机体的能量需要。机体获得的能量在供应机体正常活动和满足生产需要之外，可将剩余的部分能量转变成肝糖原和肌糖原，以备不时之需；另外一部分能量可转化成脂肪并在体内储备或合成乳脂。由于碳水化合物、脂肪和蛋白质分子中的碳、氢、氧和氮元素的比例不同，导致相同质量的这些营养物质氧化释放的能量也不同，脂肪的有效能值最高，是碳水化合物的 2.25 倍，其次是蛋白质，是碳水化合物的 1.35 倍。由于蛋白质价格相对较高，且蛋白质在能量代谢中的效率较低，因此将其作为主要能量来源并不经济。

一、葡萄糖氧化供能

奶牛摄入的葡萄糖一方面通过瘤胃微生物产生的挥发性脂肪酸经体内糖异生获得，另一方面是过瘤胃淀粉在小肠酶的作用下水解为葡萄糖后被小肠吸收，其中糖异生是奶牛葡萄糖的主要来源，奶牛对葡萄糖需要量的 60% 以上依赖于肝的糖异生，丙酸是奶牛体内糖异生的主要前体物，奶牛体内葡萄糖有 50% 来源于丙酸。葡萄糖在肝细胞中通过糖酵解、三羧酸循环和氧化磷酸化等过程氧化分解，产生 ATP，为奶牛的生长、繁殖、泌乳等生命活动提供能量。

二、挥发性脂肪酸氧化供能

奶牛的能量供给可以通过瘤胃微生物发酵碳水化合物产生的 VFA 和葡萄糖氧化供能。碳水化合物在瘤胃微生物作用下，首先被降解为丙酮酸，进一步再被降解为乙酸、丙酸和丁酸等 VFA，VFA 在酶作用下合成乙酰 CoA 和琥珀酰 CoA，进入三羧酸循环，为奶牛提供能量，是奶牛的重要能量来源，奶牛能量需要的 70%~80% 由 VFA 提供。

为了确保奶牛的能量供给充足，饲料中应含有适量的碳水化合物和脂肪。碳水化合物不仅能提供能量，还能促进瘤胃微生物的生长，从而提高菌体蛋白的产量。脂肪则提供每磅饲料最多的能量，并有助于维持肝脏代谢和神经系统功能。

三、脂肪的氧化供能

脂肪是奶牛体内的重要储能物质，主要以甘油三酯的形式储存于脂肪组织中，包括皮下脂肪、内脏周围脂肪和肌肉内脂肪。脂肪氧化供能机制是一个复杂而高效的过程，涉及多种酶和代谢途径，是奶牛能量代谢的重要组成部分，围产期和泌乳高峰期，奶牛的能量需求增加，奶牛会动用储存的体脂肪来满足额外的能量需求。

脂肪主要以甘油三酯的形式储存在脂肪组织中。

当奶牛的能量需求增加时，如围产期、新产和泌乳高峰期奶牛，体内的激素（如肾上腺素、胰高血糖素）会促使体脂中的甘油三酯被水解，甘油三酯在脂肪酶的催化作用下被水解为游离脂肪酸和甘油。甘油在酶的催化作用下生成磷酸二羟丙酮，一部分经糖异生合成葡萄糖和糖原，另一部分经糖酵解生成丙酮酸进入三羧酸循环释放能量；脂肪酸可以通过β-氧化途径在肝脏中转化为能量。这一过程产生大量乙酰CoA，乙酰CoA经三羧酸循环（TCA循环）彻底降解，产生ATP，为奶牛提供能量。

四、氨基酸氧化供能

当奶牛能量供应不足或氨基酸不平衡时，蛋白质降解产生的氨基酸可作为机体的能量来源。氨基酸在脱氨基酶的作用下去除氨基，部分生成相应的酮酸，进一步转化为葡萄糖，或直接进入TCA循环供能；部分通过脱氨基化生成酮体，并可直接用于能量代谢。一般来说，氨基酸氧化产生的ATP数量相对较少，但在出现能量负平衡时，氨基酸用于供能的比例增加。

第三节 奶牛的能量需要

由于奶牛消化系统的独特性，其饲料营养价值的评定和能量需要的评估尤为复杂。

一、维持的净能需要

维持的净能需要（NEm）是指奶牛在维持其基本生理功能和生命活动所需的最低能量水平。这一能量需求是奶牛在不进行任何额外活动（如生长、繁殖、产奶等）情况下，维持其生命所必需的能量。

维持的净能需要包括以下4部分。

基础代谢：维持体温、心跳、呼吸等基本生理功能所需的能量。

活动能量：日常活动（如走动、站立等）所需的能量。

消化能量：消化和代谢食物过程中所需的能量。

体温调节：在不同环境条件下，动物维持体温所需的能量。

由于基础代谢的测试条件很难控制，一般将绝食代谢和自由活动的产热量之和作为维持净能的需要。

成年奶牛的维持需要是指奶牛在不生长、不产奶，也不从事劳役活动的情况下，为维持正常代谢和体况不变所需供给的营养物质的最低供给量。奶牛的维持能量需要以代谢体重为基础，每千克代谢体重的能量需要由 0.08 Mcal（NRC（2001））增加至 0.10 Mcal（NASEM（2021））。

即 NE_{Lm} (Mcal/d) = 0.10×BW $kg^{0.75}$ （式3-1）

因此，对于能量主要用于维持生命的干奶牛来说，维持需要增加25%左右。然而，对于泌乳牛来说，随着产奶量增加，维持能量需要占总能的比重降低，因此总能需要增加幅度低于干奶牛。对于产奶量 50 kg/d 的奶牛来说，其总能需要仅增加了 5% 左右。此外，在 NASEM（2021）中，ME 转化为 NE_L 的效率系数也进行了调整，由 0.64 增加为 0.66（表3-1）。与此同时，NASEM（2021）模型对日粮能量供应的预测也高于 NRC

（2001），干奶牛日粮营养供给提高10%左右，泌乳牛日粮提高6%~12%。因此，奶牛需要额外补充的能量并没有公式中显示得那么高。

二、生长需要

在NRC（2001）版本中，奶牛生长体组织成分变化是基于大量的肉牛数据，成年牛的体重以500 kg为标准。然而，现在荷斯坦奶牛的成年体重大多数都达到了700 kg，且奶牛品种体组织的肌肉含量低于肉牛品种。因此，根据过去20多年的相关研究，NASEM（2021）版本中采用了奶牛品种数据建立了模型。在该版本中，奶牛的体重变化的能量需要指的是空腹体重（EBW），不包含胃肠道内容物。对于后备牛来说，生长需要主要为体格的增加。其中，青年牛的肠道填充占体重的比例按照15%计算，而未性成熟的年幼牛只，则按照18%计算。在NRC（2001）版本中，ME转化为增重净能（NE_g）的效率平均为0.40。NASEM（2021）版本中ME转化为NE_L的效率为0.66，那么NE_L转化为NE_g的效率则为0.61。对于成年奶牛来说，生长需要主要为泌乳周期内体况的变化。在NRC（2001）中，BCS变化约等于14%的体重。对于典型的荷斯坦奶牛，每1分的BCS变化约等于80 kg体重。其中，肠道填充占体重的比例按照18%计算，那么每1分的BCS变化就约等于60 kg的空腹体重。然而，对于成年牛来说，肠道填充的重量与DMI有关，而非体重。因此，在NASEM（2021）中，体重或BCS的变化都以EBW为基础，且每单位BCS的肠道填充占比相同。假设奶牛的BCS为3.0分，其BCS每1分的变化则约为11.5%体重。对于体况偏肥的牛只来说，该数值稍微偏低，反之亦然。对于体重增减的能量需要，NASEM（2021）按照BCS 2~4分牛只的体脂、水分、体蛋白和灰分的占比分别为62.2%、27.6%、8.1%和2.1%进行计

算，每千克体重的能量为 6.3 Mcal。若是泌乳牛，该能量转化为 NE_L 的效率按照 0.89 计算，

即 NE_L（Mcal/d）= 6.3 Mcal RE/kg×0.89 = 5.6 Mcal/kg ADG

（式 3-2）

若是非泌乳牛，该能量转化为 NE_L 的效率则按照 1.10 计算，

即 NE_L（Mcal/d）= 6.3 Mcal RE/kg×1.10 = 6.9 Mcal/kg ADG

（式 3-3）

三、泌乳需要

与 NRC（2001）相比，NASEM（2021）中有关泌乳能量需要几乎没有变化，除了乳真蛋白和非蛋白氮（NPN）的计算公式有微小调整外。泌乳能量需要是乳脂、乳真蛋白、NPN 的蛋白当量和乳糖的能值之和，其中乳脂、乳真蛋白、NPN 的蛋白当量和乳糖的 NE_L 分别为 9.29 Mcal/kg、5.71 Mcal/kg、2.21 Mcal/kg 和 3.95 Mcal/kg。通常 NPN 占乳蛋白的 5%~6%，若按照 6% 计算，那么乳蛋白的 NE_L 则为 5.5 Mcal/kg。如乳粗蛋白含量已知，牛奶 NE_L 计算如下。

即 NE_L（Mcal/kg）= 9.29×kg Fat/kg Milk + 5.5×kg CP/kg Milk + 3.95 kg Lac/kg Milk （式 3-4）

若已知乳真蛋白产量，牛奶 NE_L 计算如下。

NE_L（Mcal/kg）= 9.29×kg Fat/kg Milk + 5.85×kg TP/kg Milk + 3.95 kg Lac/kg Milk （式 3-5）

当乳脂率是唯一测定成分，乳 NE_L 可用下列公式计算。

NE_L（Mcal/kg Milk）= 0.360 + 0.0969×Fat% （式 3-6）

四、妊娠需要

在 NRC（2001）版本中，奶牛的妊娠能量需要是从妊娠第 190 d 开始按照线性函数进行计算。然而，随着妊娠天数的增

加，胎儿的生长规律更符合对数或指数函数。因此，在 NASEM（2021）中，根据妊娠子宫组织增重速率，且每千克增重的能量为 0.882 Mcal，以及 ME 转化为妊娠能量和 NE_L 的效率分别为 0.14 和 0.66 进行计算。

妊娠 NE_L =子宫增重×（0.882/0.14）×0.66=子宫增重×4.16

（式 3-7）

与 NRC（2001）相比，NASEM（2021）模型预测的干奶前期妊娠能量需要降低，围产前期妊娠能量需要增加（表 3-2）。

表 3-2 奶牛妊娠能量需要（犊牛初生重假设为 44 kg）

单位：Mcal/d

妊娠天数（天）	NRC（2001）	NASEM（2021）
50	0	0.04
100	0	0.1
150	0	0.5
200	2.7	1.4
220	3	2
250	3.4	3.5
275	3.8	5.4

资料来源：NASEM（2021）。

第四章 奶牛的蛋白质营养与需要量

蛋白质营养是奶牛饲养管理中非常重要的一部分,它涉及奶牛的健康、生长、泌乳性能以及繁殖效率。蛋白质在奶牛体内具有重要功能。首先,蛋白质是构成细胞和生物体的重要组成物质,包括肌肉、血液、皮肤和内脏等,是生命活动的体现,如维持、生长和泌乳都需要蛋白质的参与;其次,蛋白质是合成乳蛋白的主要原料,乳蛋白是牛奶中最重要的成分之一,占牛奶总蛋白质的80%左右。乳蛋白的合成受到内分泌调控、乳蛋白前体物的供给以及日粮组成的影响。本章主要介绍饲料蛋白质在奶牛瘤胃中降解、瘤胃微生物蛋白质的合成、蛋白质在小肠的吸收和利用等,对奶牛不同生理阶段蛋白需要量进行阐述。

第一节 饲料蛋白质在瘤胃中的降解

饲料中的蛋白质根据其在瘤胃中的降解性可分为瘤胃降解蛋白质(RDP)或瘤胃非降解蛋白质(RUP),RUP 也称为过瘤胃蛋白质。RDP 包括真蛋白和非蛋白氮。真蛋白可以被瘤胃微生物降解为小肽和氨基酸,再经脱氨基作用转化为氨,或者合成瘤胃微生物蛋白质;非蛋白氮包括核糖核酸(RNA)、脱氧核糖核酸(DNA)、氨、氨基酸和小肽等,其中氨、氨基酸和小肽等可被瘤胃微生物利用。RUP 是奶牛氨基酸的重要来源,在瘤胃中未被微生物降解直接进入小肠,为奶牛提供高质量的氨基酸来源,从而提高了蛋白质的利用率。

一、饲料蛋白质的降解

饲料进入瘤胃后，大量的瘤胃微生物会吸附在饲料颗粒表面，并分泌蛋白质分解酶来降解蛋白质，Prins 等（1983）研究认为，有 30%~50% 的瘤胃微生物可以分泌蛋白分解酶。饲料蛋白质首先在这些蛋白分解酶作用下水解成多肽，多肽在肽酶作用下进一步分解为小肽和游离氨基酸。游离氨基酸在碳水化合物供应充足时，可以直接用来合成瘤胃微生物蛋白质，当碳水化合物不足时，氨基酸被降解，产生氨、二氧化碳和挥发性脂肪酸。瘤胃微生物包括细菌、原虫和真菌，三者在降解蛋白质及对氮的利用等方面均存在差异。瘤胃细菌的浓度可以达到 10^{10}~10^{11} 个/mL，且超过半数的细菌都可以分泌蛋白酶或肽酶，从而参与蛋白质在瘤胃中的降解。细菌在降解蛋白质之前，通常会附着在饲料颗粒上，把蛋白质降解成多肽，多肽被进一步降解成小肽和氨基酸。细菌在摄入小肽和氨基酸之后，小肽会被降解成氨基酸，从而合成微生物菌体蛋白，或是在脱氨基作用下产生氨。目前的研究结果表明，多种细菌可以使氨基酸脱氨基，从而产生氨，但是只有少数细菌有很强的脱氨基功能。在细菌内产生的氨可以扩散到细菌外，在被微生物摄取后重新用于合成氨基酸。虽然原虫在瘤胃中的浓度比细菌小很多（10^5~10^6 个/mL），但是由于原虫在体积上比细菌大，因此，原虫占瘤胃微生物总重量的 10%~50%。与细菌不同的是，原虫可以直接摄取固体颗粒，包括细菌、真菌和小的饲料颗粒，被摄取的蛋白质可以在原虫胞内直接降解成小肽和氨基酸，从而合成原虫蛋白。由于原虫对细菌的摄取，部分细菌蛋白无法到达小肠被消化吸收，因此瘤胃微生物蛋白质的合成效率降低。虽然原虫也具有脱氨基作用，且其脱氨基活性大约是瘤胃细菌的 3 倍，但是与瘤胃细菌不同的是，原虫并不能利用氨，其产生的氨会被释放到瘤胃中，被其他微生物利用或被瘤胃壁吸收。此外,原虫在裂解或者死亡时,释放的氨基酸和小肽的数量可以占其所摄取的蛋白质总量的50%甚至更多。真菌在瘤胃中的浓度是 $10^3 \sim 10^4$ 个/mL,厌氧性真菌可产生高活性的金属蛋白酶,如半胱氨酸蛋白酶、丝氨酸蛋白酶等。真菌产生的蛋白酶有助于真菌穿透植物的蛋白层,而蛋白层可防止瘤胃纤维分解菌对植物次生细胞壁的分解。

二、过瘤胃蛋白质对奶牛的营养作用

RUP 是指在瘤胃中未被微生物降解而直接进入小肠的饲料蛋白质。这部分蛋白质在小肠中被消化吸收,为奶牛提供必需的氨基酸和短肽,从而提高奶牛的生产性能和经济效益。

RUP 对奶牛的作用主要体现在以下几个方面。

1. 氨基酸供应

过瘤胃蛋白质是奶牛氨基酸的重要来源之一。奶牛的氨基酸需要主要由饲料蛋白质中过瘤胃部分和在瘤胃发酵过程中被微生物降解并合成的微生物菌体蛋白以及少量的内源蛋白质组成。RUP 是高产奶牛氨基酸的重要来源。

2. 提高生产性能

RUP 可以提高奶牛的产奶量,增加肠道吸收优质蛋白质的含量,提高蛋白质利用率,减少氮排放。

3. 科学配制日粮

瘤胃中饲料蛋白质降解的动力学知识为科学配制饲粮提供了理论依据。通过合理优化日粮中 RDP 和 RUP 的比例,有助于提高氮利用率,减少环境污染,并提高生产性能。

4. 满足氨基酸需要

快速生长的犊牛和高产奶牛对氨基酸的需求量较大,需要通过增加 RUP 来满足小肠氨基酸供应不足的问题。如果 RDP 或

RUP比例失衡，可能导致瘤胃发酵效率降低、氮排放增加以及生产性能下降。

5. 提高乳蛋白含量及产量

提高乳蛋白含量及产量的关键在于优化乳腺对氨基酸的利用效率，而小肠氨基酸平衡是其中的核心。通过补充过瘤胃保护性氨基酸（如蛋氨酸和赖氨酸），可以改善小肠氨基酸平衡，提高乳腺对氨基酸的吸收和利用效率，从而显著提高乳蛋白含量。

6. 提高乳糖含量和乳干物质含量

向奶牛日粮中添加不同类型的过瘤胃保护蛋氨酸和过瘤胃保护赖氨酸还可以在一定程度上提高乳中乳糖含量和乳干物质含量，从而进一步提高乳品质。

7. 提高奶牛免疫力和降低牛奶体细胞数

研究表明，向奶牛日粮中添加蛋氨酸锌、赖氨酸锌可以提高奶牛免疫机能和降低牛奶体细胞数。

8. 优化氨基酸平衡

氨基酸不平衡是限制奶牛发挥最大生产性能的重要因素。饲粮中瘤胃可降解蛋白和非蛋白氮被瘤胃微生物利用合成菌体蛋白，其氨基酸组成较为平衡，但研究显示补充尿素等非蛋白氮超过一定限度时，瘤胃氨态氮浓度过高会影响瘤胃稳态，导致奶牛生产性能下降。

通过上述作用，过瘤胃蛋白质在奶牛饲养中扮演着重要角色，有助于提高奶牛的生产性能和乳品质，同时对环境保护也有积极影响。

三、提高优质蛋白质饲料过瘤胃率的意义

通过提高瘤胃中未被微生物降解而直接进入肠道的蛋白质部分（即过瘤胃蛋白质），可以显著提升反刍动物的生产性能。这

是因为过瘤胃蛋白能够提供更多的氨基酸，补充因瘤胃发酵不足而损失的微生物菌体蛋白的氨基酸。

在奶牛生产中，赖氨酸和蛋氨酸是乳蛋白合成的第一、第二限制性氨基酸，因此豆粕作为过瘤胃蛋白的供应源在提高产奶量上具有显著优势。此外，饲喂过瘤胃保护蛋白含量高的日粮可以降低瘤胃微生物蛋白的流出量，增加进入小肠的饲料蛋白量，从而提高氮的利用率和沉积量。

通过合适的保护方法避免优质蛋白质饲料在瘤胃中降解速度过快，不仅可以增加过瘤胃蛋白的数量，还可以改善氮的利用率，提高生产力，减少环境污染。例如，使用化学保护方法或热处理方法来调控饲料的瘤胃降解率，从而改变进入小肠的氨基酸数量和组成。

提高优质蛋白质饲料的瘤胃通过率能够有效提升反刍动物的生产性能，优化氮的利用效率，并减少环境污染，这对现代畜牧业的发展具有重要的实际意义。

第二节 瘤胃微生物蛋白质的合成及其氨基酸组成

瘤胃微生物蛋白质合成是奶牛营养的重要组成部分，瘤胃微生物的生长需要能量和蛋白质，目前世界各国使用的奶牛蛋白质体系，都强调了日粮中蛋白质和能量平衡对瘤胃微生物蛋白质合成的重要性，认为蛋白质和能量应同时供应，并保持均衡，既能使微生物的生长达到最大化，也能减少粪尿中的氮流失，从而减少养殖过程带来的环境污染问题。因此，研究瘤胃微生物蛋白质合成的影响因素及日粮中能量和氮平衡对微生物蛋白质合成的影响，可以更好地预测瘤胃微生物蛋白质的合成量。本节主要阐述日粮因素对瘤胃微生物蛋白质合成的影响和不同蛋白质评价体系对瘤胃微生物蛋白质合成量及其氨基酸组成的预测。

一、瘤胃微生物蛋白质合成

瘤胃微生物蛋白质的合成是奶牛营养的重要组成部分。奶牛通过其瘤胃内的微生物群体将饲料中的营养物质转化为可利用的微生物蛋白质,这一过程对于奶牛的生长、生产和健康至关重要。以下是瘤胃微生物蛋白质合成的主要内容。

(一) 瘤胃微生物的作用

瘤胃是奶牛消化系统中的重要消化器官,栖息着丰富的微生物群体,包括细菌、真菌和原生动物等。这些微生物通过发酵作用将饲料中的有机物分解,产生 VFA、氨和微生物蛋白质等。

(二) 微生物蛋白质的合成机理

1. 原料来源

碳水化合物:饲料中的碳水化合物主要包括淀粉、纤维素和糖类,是瘤胃微生物的重要能量来源。瘤胃微生物通过发酵这些碳水化合物,产生能量和代谢中间产物。

氮源:微生物蛋白质的合成需要氮源,主要来源于 RDP 和 NPN。

2. 合成过程

奶牛瘤胃微生物将日粮中 RDP 分解产生的氮源,利用日粮碳水化合物发酵产生的 VFA 和 ATP,分别作为碳架和能量合成微生物蛋白质(MCP),VFA 和 MCP 是奶牛能量和蛋白质的主要来源,MCP 能提供奶牛蛋白质需要量的 40%~80%。瘤胃微生物利用氨作为氮源进行蛋白质合成,即使在瘤胃液中的氨态氮浓度较低的情况下,也能满足微生物生长的需求。

瘤胃微生物还可以通过分解饲料中的蛋白质和肽类,产生更多的氨,从而进一步促进微生物蛋白的合成。这种机制使奶牛能

第四章 奶牛的蛋白质营养与需要量

够高效地利用瘤胃内的氮源,提高氮的利用效率,并减少氮的环境排放。

微生物蛋白质的生长:微生物在瘤胃内繁殖,形成菌体蛋白质,随后这些菌体蛋白质会被奶牛消化吸收。

(三) 合成效率的影响因素

瘤胃作为一个独立的生态系统,微生物的活动受到很多因素的影响,碳水化合物、氮源、维生素、矿物质和瘤胃内环境等,对微生物蛋白质的合成有较大影响。

1. 氮源

日粮蛋白质在奶牛瘤胃中被细菌等降解转化为氨,最终被微生物合成优质的微生物蛋白质,被奶牛吸收利用,促进奶牛的生长和生产。影响微生物蛋白质的合成的主要因素为日粮中蛋白质的组成与降解模式的不同。

瘤胃微生物能够利用氨作为主要氮源,同时也能利用氨基酸和肽作为氮源。氨是瘤胃中氮的主要形式,其浓度通常在 $5\sim20$ mg/dL,是瘤胃微生物生长和合成 MCP 的重要氮源。

肽和氨基酸在瘤胃中的利用率较高,但肽的利用率通常高于氨基酸。这是因为肽的分子结构更简单,更容易被微生物分解和利用。

当瘤胃内氮含量过高时,部分氨会被瘤胃微生物降解为尿素或其他挥发性脂肪酸(如乙酸、丙酸等),从而造成氮的损失。这种降解过程不仅浪费了氮资源,还可能引发环境污染。过量的氨分解还会导致瘤胃内 pH 值的变化,进而影响微生物群落的平衡和功能。因此,在实际饲养中,应通过优化饲料配方和调整能量供应来平衡瘤胃内的氮利用效率,以减少氮损失并提高生产性能。

2. 碳水化合物

瘤胃微生物的生长和蛋白质合成依赖于碳水化合物和氮源的同步降解。若二者不同步，会导致能量浪费和蛋白质产量下降。当碳水化合物的降解速度过快（如淀粉快速发酵），而氮源供应不足时，因碳水化合物的降解速度与氮源的供应不同步，会导致能量过剩但氮素不足，微生物也无法有效利用这些能量进行蛋白质合成，导致能量和氮素的利用效率降低，从而影响微生物蛋白质的合成。

当氮源充足时，MCP 合成效率主要由碳水化合物产生的能量决定微生物所产生的蛋白质的量。碳水化合物的组成复杂多变，主要分为两种，结构性碳水化合物（SC）是植物细胞壁的组成成分，这些成分包括纤维素、半纤维素、木质素等，这些指标用来度量植物细胞壁的组成和结构特征；非结构性碳水化合物（NSC）是细胞内容物，主要成分为糖与淀粉。SC 的发酵速度很慢，能够促进奶牛反刍，刺激分泌唾液，发酵后以乙酸为主要产物，瘤胃 pH 值能够处于相对稳定的状态，更好地促进奶牛的生长和生产。SC 偏高会影响能量的利用，导致微生物摄取能量不足。但是，NSC 是易发酵的碳水化合物组分，发酵速度很快，释放能量快，可以为微生物提供充足的营养物质，以丙酸为主要发酵产物。研究表明，SC 和 NSC 的比例是影响 MCP 合成的重要因素。

碳水化合物和氮源的同步降解能够提高微生物蛋白质合成效率。例如，NSC 与可降解蛋白质的比例为 2∶1 时，微生物蛋白质产量最高。同步释放碳水化合物和氮源能够减少氨的积累，同时提高微生物蛋白质的合成效率。

（四）微生物蛋白质的评价与应用

1. 微生物蛋白质的评价

（1）营养价值　氨基酸组成：微生物蛋白质的氨基酸组成

通常较为均衡，含有丰富的必需氨基酸，尤其是赖氨酸和苏氨酸，这使其成为奶牛优质的氮源。

消化率：微生物蛋白质在小肠中的消化率较高，通常可达到80%~90%。这意味着奶牛能够有效吸收其提供的氨基酸。

（2）合成效率　微生物蛋白质的合成效率受到多种因素的影响，包括饲料成分、瘤胃环境（如pH值、温度）以及微生物群落的组成。合适的饲料配方和良好的瘤胃健康能够提高微生物蛋白质的合成效率。

（3）经济效益　微生物蛋白质的合理利用可以降低饲料成本，提高奶牛的生产性能（如产奶量和奶质），从而提升经济效益。

2. 微生物蛋白质的应用

（1）奶牛饲料配方　主要氮源：在奶牛饲料中，微生物蛋白质可以作为主要的氮源，与其他蛋白质源（如大豆粕、菜籽粕等）合理搭配，确保奶牛获得足够的氮和氨基酸。

提高饲料利用率：通过优化饲料成分，增加可发酵碳水化合物和可降解蛋白质的比例，可以促进微生物蛋白质的合成，提高饲料的整体利用率。

（2）促进奶牛健康　改善瘤胃环境：微生物蛋白质的合成有助于维持瘤胃的健康，促进消化功能，减少消化不良和瘤胃酸中毒的风险。

提高免疫力：良好的营养状态和微生物蛋白质的有效利用有助于提高奶牛的免疫力，降低疾病发生率。

（3）环境影响　减少氮排放：通过优化氮源的利用，微生物蛋白质的应用可以降低奶牛的氮排放，减少环境污染。

二、影响能量与蛋白质平衡的因素

理论上讲，能量和蛋白质的平衡供应可以使营养物质在瘤胃中的降解利用达到最大化，从而使微生物蛋白质的产量最大化。在世界各国奶牛蛋白质体系中，微生物蛋白质的产量通常有两种预测方式，一是根据瘤胃可降解蛋白质的含量预测，二是根据总可消化养分或可发酵有机物含量预测。当根据瘤胃可降解蛋白质含量预测的微生物蛋白质大于根据总可消化养分或可发酵有机物含量预测的微生物蛋白质时，说明瘤胃微生物可利用的氮源充足，而能量不足，此时，部分蛋白质可能被瘤胃微生物利用作为能量物质，从而造成蛋白质的浪费；反之，说明瘤胃可降解蛋白质含量不足，从而导致微生物蛋白质产量下降。虽然各国蛋白质体系都强调能量和蛋白质含量对瘤胃微生物生长的重要性，但是目前还没有营养模型或者饲喂体系能够考虑能量和蛋白质降解速率对瘤胃微生物蛋白质合成的影响。瘤胃发酵是一个非常复杂的生物过程，虽然我们可以利用 RDP/可发酵有机物（FOM）或 RDP/总消化养分（TDN）来评估瘤胃的能蛋平衡状态，但由于以下因素的影响，其结果往往与实际发生偏差。

1. 日粮颗粒的大小

饲料颗粒的大小直接影响降解速率和流通速率。较小的颗粒可能会增加降解速率，而较大的颗粒可能会减慢这一过程。

2. 日粮的精粗比例

同样的原料在较高精粗比例时，RDP 随之较高。这意味着日粮中精饲料与粗饲料的比例会影响蛋白质的降解和微生物蛋白的合成。

3. 饲料的物理特性

谷物类饲料经膨化处理后降解速率会提高，而豆类蛋白经膨化、糖化处理后则会降低 RDP 比例。对纤维类饲草碱化处理，一般可以提高其在瘤胃中的降解率。

4. RDP 与 FOM 或 TDN 在瘤胃的降解速率

两者若能依照平衡点同速降解一般能获得最大量的 MCP 如大麦与棉粕配合。但过多地使用 NPN 时，日粮粗蛋白中的 A 蛋白将大幅升高，即使 RDP 与 FOM 或 TDN 在量上能"达到"平衡，由于缺乏快速降解的碳水化合物，实际仍不平衡。

5. RDP 与 FOM 或 TDN 合成 MCP 的差距

差距越大效率越差，这正是我们需要避讳的。这意味着 RDP 转化为 MCP 的效率与 FOM 或 TDN 的可用性之间需要保持一定的平衡。

这些因素表明，瘤胃发酵和蛋白质降解是一个动态的过程，受到多种内外因素的影响。因此，在实际应用中，需要综合考虑这些因素，以更准确地评估和调整瘤胃的能蛋平衡状态。

三、瘤胃微生物蛋白质的合成量及其氨基酸组成

MCP 是反刍动物小肠可消化蛋白的重要来源，其合成受到多种因素的影响，包括饲料中的氮源、能量水平、瘤胃内环境等。

MCP 是奶牛的重要氮源，主要由瘤胃内的微生物合成。这些微生物通过发酵饲料中的碳水化合物，利用氮源（如可降解蛋白质和非蛋白氮）合成蛋白质。微生物蛋白质在小肠中被消化吸收，为奶牛提供必需氨基酸。

（一）微生物蛋白质合成量的预测公式

根据 NASEM（2021）的指导，微生物蛋白质合成量的预测通常涉及以下几个关键参数。

1. 关键参数

VFA 瘤胃发酵过程中产生的 VFAs 是微生物生长的主要能量来源。VFA 的产生量与饲料的发酵程度密切相关。

氮源：RDP 和 NPN 是微生物合成蛋白质所需的氮源。RDP 的质量和数量直接影响微生物的生长。

2. 预测公式

NASEM（2021）提供的预测模型通常基于以下公式。

$$MCP = VFA \times 微生物合成效率 \times RDP\ 的有效性 \qquad (式 4-1)$$

MCP：微生物蛋白质合成量（g/d）。

VFA：瘤胃内产生的挥发性脂肪酸量（通常以 mol/d 表示）。

微生物合成效率：通常在 0.1~0.2，指的是微生物将能量转化为蛋白质的效率。

RDP 的有效性：反映了可降解蛋白质在微生物合成中的利用效率。

（二）实际应用

1. 饲料配方

高纤维饲料：选择高纤维的粗饲料，以支持瘤胃的健康和维持适宜的 pH 值，促进微生物的生长。

适量的可溶性糖和淀粉：以提供充足的能量来源，促进 VFA 的产生。

2. 氮源管理

合理使用尿素和可降解蛋白：确保提供足够的 RDP，以支持微生物的生长和蛋白质合成。

3. 监测与调整

监测瘤胃环境：定期监测瘤胃 pH 值、温度和 VFA 的水平，以确保微生物处于最佳生长状态。

根据生产阶段调整饲喂策略：根据奶牛的不同生产阶段（如泌乳期、干乳期）调整饲料配方，以优化微生物蛋白质的合成。

(三) 结论

通过 NASEM（2021）的研究，奶牛的微生物蛋白质合成量可以通过合理的饲料配方和管理策略进行有效预测和优化。这不仅有助于提高奶牛的生产性能，还能促进其健康和繁殖能力，从而提高整体经济效益。

第三节 蛋白质在小肠中的吸收

奶牛摄入的日粮蛋白质，一部分在瘤胃中被微生物降解，RDP 被用于合成 MCP，未被微生物 RUP 和 MCP 以及内源性蛋白质进入皱胃和小肠，在胃酸和蛋白酶作用下，水解为肽和氨基酸，在十二指肠通过转运系统被十二指肠上皮细胞吸收。

一、MCP 在小肠中的消化吸收

MCP 被小肠分泌的消化酶分解成小肽或游离氨基酸，供奶牛利用。MCP 是小肠吸收氨基酸的主要来源，通常 MCP 约占进入小肠总氨基酸氮的 60%~85%（冯仰廉，2004），MCP 在小肠中的消化率通常为 80%~85%，一般来说，MCP 的可代谢部分通常占其总量的 60%~80%。表明大部分 MCP 能够在小肠中被有效利用。

二、RUP 在小肠中的消化吸收

RUP 在小肠中经过消化酶的作用，被进一步分解为氨基酸或小肽，然后被吸收利用。

RUP 在小肠中的消化率因饲料来源和处理方法的不同而有所差异。如：豆饼（粕）的 RUP 在小肠中的消化率较高，可达99%；而玉米青贮中的 RUP 消化率较低，仅为 45%；谷物饲料（如小麦和大麦）的 RUP 消化率较高，为 88%~89%，而燕麦的消化率相对较低,为70%,秸秆和干草的RUP消化率也相对较低。

不同氨基酸在小肠中的消化率也存在差异。例如,大豆粕中的氨基酸消化率为87%,而棉粕的氨基酸消化率为75%。总体来看,RUP的氨基酸在小肠中的消化率通常在53%~95%。

三、内源性蛋白质在小肠中的消化吸收

内源性蛋白质是指奶牛自身分泌的消化酶、消化道脱落的上皮细胞。这些内源性蛋白质在小肠中的消化吸收过程是奶牛营养和生长的重要组成部分。

1. 内源性蛋白质的来源

唾液和消化液:奶牛在消化过程中,唾液和胃液中含有的蛋白质(如酶和其他生物活性物质)会进入消化道,成为内源性蛋白质的一部分。

肠道上皮细胞:肠道上皮细胞在不断更新过程中,细胞的死亡和脱落会释放出内源性蛋白质。

微生物代谢产物:虽然内源性蛋白质主要是由奶牛自身合成,但微生物的代谢也可能影响内源性蛋白质的组成和数量。

2. 小肠中的消化过程

进入小肠:内源性蛋白质在经过瘤胃和前肠后,进入小肠,通常保持其原有的结构。

消化酶的作用:在小肠中,胰腺分泌的消化酶(如胰蛋白酶、胰凝乳酶等)会对内源性蛋白质进行水解,分解为氨基酸和小肽。

这些酶通过特定的酶促反应,水解蛋白质分子中的肽键,使其转化为可被吸收的小分子。

3. 吸收过程

肠道上皮细胞的转运机制:小肠的绒毛上皮细胞负责吸收水

解后产生的氨基酸和小肽。吸收机制主要如下。

主动转运：氨基酸通过钠-氨基酸协同转运机制被主动转运入细胞。

被动转运：小肽通过肠道上皮细胞的被动扩散或特定转运通道进入细胞。

氨基酸的代谢与利用：吸收入细胞的氨基酸可以用于合成体内所需的蛋白质，或转化为能量、糖类和脂肪等其他物质。

氨基酸在细胞内的代谢不仅支持生长和生产，还参与合成酶、激素和其他重要生物分子。

进入血液循环：经肠道上皮细胞吸收的氨基酸和小肽最终通过门静脉进入肝脏，参与全身的代谢和合成过程。

4. 影响因素

内源性蛋白质在小肠的消化吸收效率受到多种因素的影响。

消化酶的活性：胰腺分泌的消化酶的活性和种类会影响内源性蛋白质的消化效率。

肠道健康：肠道的健康状况（如肠道炎症、寄生虫感染等）会影响小肠的消化吸收能力。

饲料成分：饲料的种类和质量会影响内源性蛋白质的消化率。

动物的生理状态：动物的生长阶段、健康状况和营养需求也会影响内源性蛋白质的利用率。

奶牛的内源性蛋白质在小肠的消化吸收是一个重要的生理过程。通过胰腺分泌的消化酶，内源性蛋白质在小肠中被水解为氨基酸和小肽，随后被肠道上皮细胞吸收，进入血液循环，为奶牛提供必需的氮源和氨基酸。这一过程的有效性对奶牛的生长、生产性能和健康至关重要。

第五章 奶牛的碳水化合物营养与需要量

碳水化合物是奶牛能量来源的重要组成部分，并提供咀嚼纤维，使奶牛保持健康和高产，通常占日粮干物质的 60%~70%。碳水化合物在奶牛体内主要通过瘤胃微生物发酵转化为 VFA，如乙酸、丙酸和丁酸，VFA 是奶牛的主要能量来源，可以满足能量总需要的 70%~80%，碳水化合物组分很大程度上决定瘤胃中 VFA 的数量和比例，产生的 VFA 数量和比例反过来会改变营养物质的代谢和分配，淀粉等快速发酵碳水化合物能够促进丙酸的产生，而缓慢降解的纤维碳水化合物会刺激乙酸的产生。由于瘤胃微生物对日粮中碳水化合物的有效降解，未被降解的过瘤胃淀粉到达小肠可分解为葡萄糖，但所产生的葡萄糖通常不能满足奶牛的营养需要。

碳水化合物可以分为 SC（纤维素和半纤维素）和 NSC（可溶性糖和淀粉）。SC 存在于植物细胞壁中，不易被消化，但在瘤胃中部分发酵；而 NSC 则容易消化，能够快速提供能量。

第一节 饲料碳水化合物营养与评价

碳水化合物是一类重要的有机化合物，它们由碳、氢和氧 3 种元素组成，并且以多羟基醛或多羟基酮及其缩聚物和某些衍生物的形式存在。

第五章 奶牛的碳水化合物营养与需要量

一、碳水化合物的营养生理功能

碳水化合物组分包括中性洗涤纤维（NDF：纤维素、半纤维素和木质素）、酸性洗涤纤维（ADF：纤维素和木质素）和非纤维碳水化合物（NFC：淀粉、糖的挥发性脂肪酸 VFA），在奶牛的营养中扮演着至关重要的角色，不仅是重要的能量来源，并且为3种重要的乳成分（乳糖、乳脂肪和乳蛋白质）提供前体。

（一）能量供应

主要能量来源：碳水化合物是奶牛的主要能量来源，尤其是在泌乳期和生长阶段。它们提供的能量用于支持日常活动、维持体温、促进生长和生产。

VFA 在瘤胃中，微生物通过发酵碳水化合物（纤维素和淀粉）产生 VFA（如乙酸、丙酸和丁酸），VFA 是奶牛的主要能量来源，乙酸是反刍动物能量代谢的主要成分，主要用于合成乳脂，而丙酸则在肝脏中转化为葡萄糖，支持乳汁的产生。

（二）促进消化健康

瘤胃功能：适量的纤维素有助于维持瘤胃的健康和功能。纤维素刺激瘤胃的机械运动，促进反刍和消化过程。纤维的存在也有助于维持适当的 pH 值，防止瘤胃酸中毒。

微生物群落的平衡：碳水化合物的发酵为瘤胃内的微生物提供了营养，促进有益微生物的生长，从而维持瘤胃微生物群落的平衡。健康的微生物群落能够有效地分解饲料，提高营养物质的消化率。瘤胃微生物的生长也需要结构和非结构性碳水化合物加上氨才能共同转化为有用的微生物蛋白。饲料中蛋白质的类型和数量应与结构和非结构性碳水化合物的类型和数量成比例，以最大限度地提高微生物蛋白质产量。

(三）促进乳汁生产

乳糖合成：碳水化合物（主要是葡萄糖）是乳糖合成的原料。乳糖是乳汁的主要成分之一，乳糖的合成直接影响乳汁的产量和质量。充足的碳水化合物供应可以提高奶牛的乳汁产量，尤其是在泌乳高峰期。

提高乳蛋白和乳脂含量：碳水化合物的供应不仅影响乳汁的产量，还可以影响乳蛋白和乳脂的含量。适当的碳水化合物比例有助于提高乳汁的整体营养价值。碳水化合物通过改变瘤胃微生物蛋白质的产生和氨基酸的供应间接影响乳蛋白的合成。

（四）促进生长和繁殖

支持生长：在育肥和生长阶段，碳水化合物的充足供应有助于奶牛的体重增加和肌肉发育。高能量的饲料（如含淀粉的谷物）能够有效促进生长。

繁殖性能：碳水化合物的供应对奶牛的繁殖性能也有重要影响。适当的能量摄入可以提高受孕率和妊娠率，减少流产和早产的风险。

（五）代谢调节

胰岛素和葡萄糖代谢：碳水化合物的摄入影响奶牛的胰岛素水平和葡萄糖代谢。适量的碳水化合物有助于维持稳定的血糖水平，从而支持奶牛的整体代谢健康。

过量的碳水化合物摄入可能导致代谢紊乱，如脂肪肝和酮症，影响奶牛的健康和生产性能。

碳水化合物在奶牛的营养生理功能中扮演着核心角色，影响着能量供应、消化健康、乳汁生产、生长和繁殖等多个方面。合理的碳水化合物供给，不仅能提高奶牛的生产性能，还能促进其健康和福利。因此，饲养管理者应根据奶牛的生理状态和生产需求，合理设计饲料配方，以确保碳水化合物的有效利用。

二、碳水化合物的营养价值评定

(一) 营养成分分析

1. Van Soest 洗涤纤维测定法

概略养分分析法以粗纤维和无氮浸出物的含量为依据,不能反映碳水化合物被奶牛利用的真实情况,尤其是粗饲料。Van Soest 在概略养分分析体系基础上,提出"洗涤纤维分析体系",该体系可以获得植物性饲料中所含的半纤维素、纤维素、木质素及酸不溶灰分的含量,弥补了概略养分分析法的不足。目前,NDF 和 ADF 已广泛应用于反刍动物营养研究和生产。

(1) NDF NDF 是指饲料中不溶于中性洗涤剂的纤维性植物细胞壁成分,包括纤维素、半纤维素、木质素和少量硅酸盐等。NDF 的测定方法是通过使用中性洗涤剂去除样品中的脂肪、淀粉、蛋白质和糖类等可溶于中性洗涤剂的物质 (NDS),剩余的不溶于中性洗涤剂物质即为中性洗涤纤维 (图 5-1)。

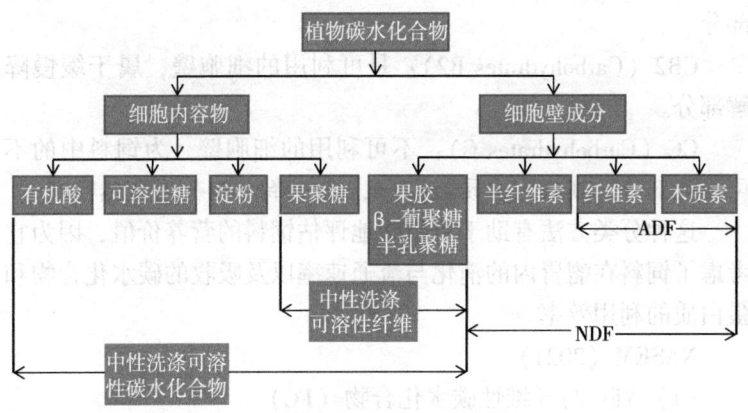

图 5-1 Van Soest 洗涤纤维分析体系对碳水化合物的划分

（2）ADF 和 ADL　ADF 是指饲料中不溶于酸性洗涤剂的那部分物质，饲料经酸性洗涤剂处理后，溶于酸性洗涤剂的称为酸性洗涤可溶物（ADS），包括中性洗涤溶解物和半纤维素；剩余的不溶物即为 ADF，主要包括纤维素、木质素及矿物质。

半纤维素 = NDF-ADF　　　　　　　　　　　　　（式 5-1）

ADL 是从 ADF 中去除纤维素和矿物盐后剩余的成分总称。ADF 经 72% 硫酸处理，纤维素被分解，剩下的不溶物即为 ADL 和矿物质，将不溶物灼烧称重得矿物质含量，减少的即为 ADL。

2. 康奈尔净碳水化合物-净蛋白质体系

CNCPS 是由美国康奈尔大学于 1992—1993 年提出的一种动态模型，用于评估反刍动物饲料的营养价值。CNCPS 将碳水化合物分为 NSC 和 SC，并根据碳水化合物在瘤胃中降解速度，将碳水化合物进一步细分为 4 个部分。

CA（Carbohydrates A）：大多为糖类，也含少量的有机酸和低聚糖，在瘤胃中可快速降解。

CB1（Carbohydrates B1）：为淀粉和果胶，属于中度降解部分。

CB2（Carbohydrates B2）：是可利用的细胞壁，属于缓慢降解部分。

CC（Carbohydrates C）：不可利用的细胞壁，为饲料中的不可降解部分，其值为木质素×2.4，体外降解 72 h 后依然存在。

这种分类方法有助于更精确地评估饲料的营养价值，因为它考虑了饲料在瘤胃内的消化与流通速率以及吸收的碳水化合物和蛋白质的利用效率。

NASEM（2021）

（1）NFC 与纤维性碳水化合物（FC）

NASEM（2021）将饲料碳水化合物分为 NFC 和 FC。NFC 主要包括那些在瘤胃中容易被微生物发酵的碳水化合物，如糖类、有机酸和低聚糖等。FC 则包括那些在瘤胃中发酵速度较慢的碳水化合物，主要是细胞壁成分，如纤维素和半纤维素。

（2）瘤胃可降解有机物（ROM）和淀粉（STC）

在 NASEM 体系中，ROM 和淀粉（STC）取代了 NFC 的分类。淀粉作为一个单独的碳水化合物类别被重视，因为它是反刍动物日粮中的一个重要营养元素。

（3）水溶性碳水化合物（WSC）

水溶性碳水化合物包括糖、低聚糖和果聚糖，这些成分在瘤胃中被快速降解，对挥发性脂肪酸的生成有重要影响。

（4）中性洗涤可溶性纤维（NTSF）

包括果胶和葡聚糖，这部分在瘤胃中被降解，主要生成挥发性脂肪酸，如丁酸等。

（5）体外 NDF 消化率

NASEM（2021）推荐使用体外 48 h 的 NDF 消化率作为评估饲料消化率的一个重要指标，因为它与真实消化率最为相关。

（6）ROM 计算公式

NASEM（2021）模型推荐的 ROM 计算公式如下。

ROM = 100 - 粗蛋白 - 灰分 - 脂肪酸 - 淀粉 - NDF　　　（式 5-2）

ROM 是指瘤胃可降解有机物的量，用于评估饲料在瘤胃中的可发酵性。

（7）物理有效 NDF

NASEM（2021）模型推荐使用 8 mm 滨州筛和反刍时间来定义物理有效 NDF，这对于评估饲料的物理有效性非常重要。

NASEM（2021）通过这些分类和评估方法，为反刍动物营养提供了一个科学和实用的框架，帮助营养师和牧场管理者更好地理解和应用饲料中的碳水化合物，以优化动物的生产性能和健康。

（二）有效性和消化率评价

日粮中碳水化合物的有效性和利用率是影响奶牛生产性能的

重要因素，概略养分分析可获得饲料营养成分含量，但不能反映营养物质的利用率。

1. 物理有效中性洗涤纤维

瘤胃需要一定数量的长纤维颗粒来优化消化效率和维持正常的瘤胃功能，长纤维颗粒在瘤胃中形成草垫，充当过滤床作用，增加在瘤胃中的停留时间，提高消化率，并刺激瘤胃蠕动和反刍，维持瘤胃健康。物理有效中性洗涤纤维（peNDF）是指在日粮中能够提供足够物理刺激以促进正常反刍和唾液分泌的中性洗涤纤维。peNDF 对反刍动物的进食行为、瘤胃发酵、营养物质消化率和泌乳等具有重要影响。peNDF 是日粮中可以增加食糜在瘤胃中停留时间的成分，增加日粮中 peNDF 浓度，能够增加缓冲能力和 NDF 消化率，长的或粗切割的粗饲料可以提供更多 peNDF。

在实际应用中，peNDF 的测定方法通常基于饲料中颗粒大小分布和 NDF 含量的计算。通过调整饲料中的 peNDF 含量，可以优化反刍动物的饲养管理，提高生产性能和经济效益。

反刍动物物 peNDF 的具体测定方法如下。

根据 David Mertens（1997）的研究，peNDF 是指能够刺激咀嚼活动并有助于瘤胃内大颗粒浮层形成的 NDF 部分。其计算公式如下。

peNDF = 饲料 NDF × 该饲料的物理有效性因子（pef）

(式 5-3)

其中，pef 是一个介于 0 和 1 之间的值，表示 NDF 在促进瘤胃内容物分层、咀嚼活动和瘤胃缓冲能力方面的物理有效性。

Mertens 的研究还揭示了淀粉对最低 peNDF 要求的影响，以及淀粉和瘤胃 pH 对瘤胃纤维降解动力学的影响。此外，peNDF 系统已被纳入营养模型，并在饲料配方中常规使用。

奶牛：日粮中 NDF 应占体重的 1.1%~1.2%，其中 FNDF 应

第五章 奶牛的碳水化合物营养与需要量

占体重的 0.75%~1.1%。如果 TMR 粒度较小，较小值为 0.85%。

2. 瘤胃消化率评价

碳水化合物瘤胃消化率的评价，涉及饲料中碳水化合物在瘤胃中的降解速度和代谢产物，这些因素对瘤胃微生物区系和动物的消化道健康有着重要影响。

（1）碳水化合物的分类与消化率

反刍动物饲料中的碳水化合物可以分为纤维性碳水化合物和非纤维性碳水化合物。非纤维性碳水化合物主要包括有机酸、可溶性糖、淀粉、果胶等，这些成分在瘤胃中的降解率通常较高，其中淀粉的降解率可达 60%~100%。

（2）瘤胃可降解淀粉（RDS）

瘤胃可降解淀粉（RDS）是反刍动物消化道健康与营养利用的关键饲粮因子。RDS 决定了反刍动物消化道健康与营养利用。

（3）碳水化合物对瘤胃发酵的影响

非纤维性碳水化合物中的不同组分（如蔗糖、果胶、淀粉和抗性淀粉）对瘤胃发酵的影响存在差异。例如，可溶性糖（如蔗糖）发酵产生的丁酸较多，而果胶发酵产生的乙酸较多。

（4）碳水化合物的消化速度

不同类型的碳水化合物在瘤胃中的发酵速度不同，如可溶性糖、淀粉、半纤维素及纤维素被降解的时间分别为 12~25 min、1.2~5.0 h、8~25 h、24~96 h。

（5）饲粮加工对淀粉瘤胃降解率的影响

通过饲粮加工可以改变饲粮中淀粉的瘤胃降解率，从而改变进入小肠的淀粉量。过瘤胃淀粉在小肠中被消化，是反刍动物外源葡萄糖的最主要来源。

（6）CNCPS 在评价中的应用

CNCPS 能够预测碳水化合物与蛋白质在瘤胃内的降解率、

消化率、外流数量以及能量、蛋白质的吸收效率。

（7）纤维消化率的计算

Mertens 提出了潜在可消化中性洗涤纤维（pdNDF）和不可消化中性洗涤纤维（iNDF）的指标，即纤维消化率 = pdNDF×[kd/（kd+kp）]，其中 kd 和 kp 分别是瘤胃降解速率和通过瘤胃的速率。

（8）国际统一评价方法的需求

建立一种在国际上统一的反刍动物饲粮有效纤维评价方法势在必行，以便于更准确地评估碳水化合物的瘤胃消化率。

综上所述，反刍动物碳水化合物瘤胃消化率的评价是一个多维度的过程，涉及碳水化合物的分类、消化速度、代谢产物以及对瘤胃微生物区系的影响。通过这些评价，可以为反刍动物提供更科学、合理的营养配方，以优化动物的生产性能和健康状态。

第二节 碳水化合物的营养需要量

NASEM（2021）对奶牛碳水化合物的营养需要量进行了更新和推荐。以下是一些关键点。

1. 瘤胃可降解有机物和淀粉取代 NFC

NASEM（2021）中，ROM 和淀粉取代了传统的 NFC。这一变化强调了淀粉作为单独的碳水化合物的重要性，并将其视为一个重要的营养元素。

2. 体外 48 h NDF 消化率

新版模型推荐了体外 48 h 的 NDF 消化率，这与真实消化率最为相关，有助于更准确地评估奶牛对纤维的消化能力。

3. 新版 ROM 的计算公式

ROM = 100-粗蛋白-灰分-脂肪酸-淀粉-NDF　　　　（式 5-4）

这有助于更精确地计算奶牛日粮中可发酵有机物的含量。

4. 水溶性碳水化合物

水溶性碳水化合物包括糖、低聚糖和果聚糖。这些碳水化合物与淀粉一样，被视为重要的营养元素，需要在奶牛日粮中予以考虑。

5. 淀粉的重要性

NASEM（2021）中特别强调了淀粉作为一个单独的碳水化合物的重要性，这对于奶牛的能量供应和瘤胃健康至关重要。

6. 粗饲料 NDF 的修正

对于最小粗饲料 NDF 的修正非常重要，适合牛场应用。如果粗饲料切得比较短，青贮或者苜蓿草比较碎，要提高粗饲料的 NDF；如果奶牛干物质采食量比较高，可以适当降低粗饲料的 NDF；如果加了很多缓冲剂，比如小苏打或者酵母类产品，可以适当降低粗饲料的 NDF；如果淀粉的发酵速度比较快，要提高粗饲料的 NDF；如果精料发料不及时、出现抢食现象、采食空间受限、牛群密度过大时，都要提高粗饲料的 NDF。

7. 现场应用

在现场，淀粉和粗饲料 NDF 或者 NDF 的比值结合起来比较有用。使用滨州筛定义物理有效纤维对牧场非常有帮助，适合现场观察。

8. 糖作为单独成分

建议将糖也作为一个单独的成分列出来，因为奶牛也有糖的需要。

这些更新反映了对奶牛营养需求更深入的理解，以及对不同碳水化合物成分在奶牛营养中作用的新认识。通过这些详细的推荐，奶牛饲养者可以更精确地配制日粮，以满足奶牛的能量和营养需求，从而提高生产效率和动物福利。

第六章 奶牛的脂肪营养与需要量

脂肪是日粮的重要组成成分。脂肪是维持健康、产奶、体重增加和生产性能表现所需的能量来源。脂肪可以被定义为含有高含量长链脂肪酸（FA）的化合物，包括甘油三酯、磷脂、非酯化 FA 和长链 FA 的盐类。与其他脂肪酸相比，长链 FA 是能量最丰富的脂肪酸。

脂肪的能量含量约是蛋白质和碳水化合物的 2.25 倍，是能量含量最高的营养素。无论是来自饲料还是体脂动员产生的甘油三酯和 FA 都是奶牛用来维持和生产的重要能量来源。奶牛可以将脂肪酸直接沉积到体组织或乳中，因此脂肪营养与奶牛的体况、产奶量关系密切。

第一节 奶牛日粮中脂肪的种类和作用

一、脂肪的种类

奶牛日粮中几乎所有的饲料原料都含有脂肪，主要包括：甘油三酯、糖脂、磷脂和游离脂肪酸。

甘油三酯：这是饲料中主要的脂肪形式，存在于谷物籽粒、油籽和动物油中。甘油三酯由一个甘油分子连接 3 个脂肪酸组成，是乳脂的主要成分。

糖脂：糖脂主要存在于粗饲料中，其结构类似于甘油三酯，但其中一个脂肪酸被糖分子取代。

第六章 奶牛的脂肪营养与需要量

磷脂：磷脂在饲料中的含量较低，但在瘤胃细菌中含量较高。磷脂由甘油分子连接两分子脂肪酸和一分子磷酸基团构成，主要构成植物细胞膜。

游离脂肪酸：游离脂肪酸是指不与甘油结合的脂肪酸。在奶牛的瘤胃中，脂肪首先被微生物脂肪酶作用，将甘油三酯酶解为单个的游离脂肪酸。这些游离脂肪酸随后在微生物的作用下发生氢化作用，将双键转化为饱和键。从微生物中流出的脂质中有10%~15%是微生物磷脂，另外85%~90%是饱和的游离脂肪酸（软脂酸和硬脂酸）与食物及微生物黏附在一起。

二、脂肪的作用

脂肪对奶牛的营养作用主要体现在以下几个方面。

1. 提供能量

脂肪是奶牛饮食中重要的能量来源。由于其高能量密度，脂肪能够满足奶牛在泌乳期对大量能量的需求，尤其是在高温天气下，脂肪还能有效减少热应激，降低疾病风险。

2. 提高乳产量和乳脂含量

研究表明，增加脂肪摄入可以显著提高奶牛的乳产量和乳脂含量。例如，补充高 C16 脂肪酸（如棕榈酸）能够增加产奶量和乳脂含量，而不影响乳蛋白浓度。此外，保护性脂肪的添加也能延长泌乳高峰期，使产奶量维持在一个稳定的高水平。

3. 改善繁殖性能

脂肪补充不仅有助于提高奶牛的生产性能，还能改善其繁殖能力。例如，亚油酸的添加可以促进能量向体脂的分配，减少体脂损失，从而对健康和生产力产生正面影响。此外，脂肪补充剂已被证明有助于改善奶牛的繁殖表现。

4. 调节瘤胃微生物组成

日粮中的脂肪酸会影响瘤胃微生物组成，进而影响乳脂产量和乳脂肪酸组成。例如，不同类型的脂肪对乳脂的生产有不同影响，鱼油和亚麻籽油中的 ω-3 脂肪酸可能有助于提高乳脂的健康属性。

5. 减少代谢性疾病的发生

适量的脂肪摄入可以避免由于高精料进食量造成的粗纤维进食量下降所导致的低乳脂综合征、奶牛酸中毒及其他代谢障碍。此外，添加保护性脂肪还可以通过减少甲烷的产生，降低能量损失。

6. 改善饲料效率

脂肪补充可以提高饲料效率，通过将长链脂肪酸纳入乳脂并减少乳腺新合成脂肪酸的合成，从而提高乳脂产量。

总之，脂肪在奶牛饲养中具有多重营养作用，包括提供能量、提高乳产量和乳脂含量、改善繁殖性能、调节瘤胃微生物组成以及减少代谢性疾病的发生等。因此，在制定奶牛饲料配方时，应根据奶牛的具体需求合理调整脂肪酸的组成和补充量，以最大化奶牛的生产效率和健康状况。

第二节　脂肪的消化吸收与代谢

一、脂肪在瘤胃内的水解和生物氢化

（一）脂肪的水解

来源于日粮的甘油三酯和糖脂进入奶牛瘤胃后，会被水解释放出脂肪酸、甘油、糖分子，糖分子和甘油在瘤胃微生物的作用下被转化为挥发性脂肪酸，通过瘤胃壁吸收入血液。

第六章 奶牛的脂肪营养与需要量

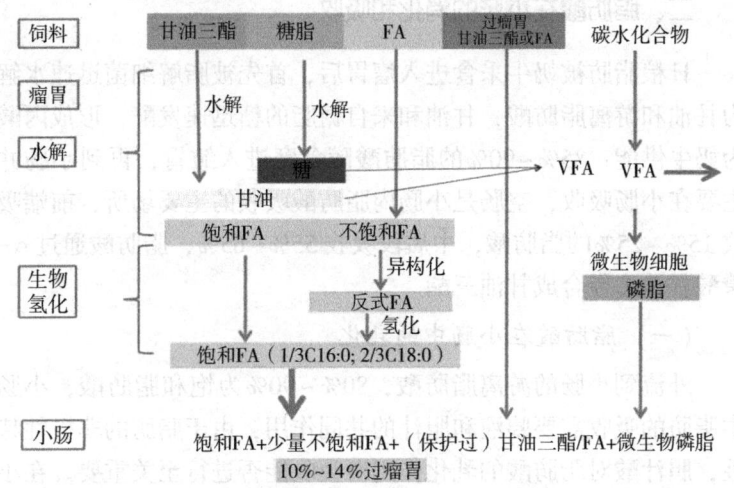

图 6-1 脂肪在瘤胃内的降解示意

（二）脂肪在瘤胃内的生物氢化

绝大多数不饱和脂肪酸在瘤胃内微生物的作用下发生生物氢化，从而转变为饱和脂肪酸，然后进入小肠被吸收利用。不饱和脂肪酸的生物氢化作用对反刍动物机体来说是有利的，它可以帮助清除瘤胃内生化反应产生的 H 原子，从而减少瘤胃内甲烷的产生，降低能量损失。然而瘤胃内微生物对不饱和脂肪酸的生物氢化作用能力是有限的，超过氢化能力的不饱和脂肪酸则以游离脂肪酸的形式存在，这些过量的不饱和脂肪酸将对瘤胃纤维分解菌产生毒害作用，从而降低日粮纤维素的消化率。除此之外，过量的不饱和脂肪酸被吸收后还能够增加乳脂中不饱和脂肪酸的浓度，使牛奶易变质和氧化，从而缩短牛奶的货架期。

二、脂肪酸在小肠的消化和吸收

日粮脂肪被奶牛采食进入瘤胃后，首先被脂解细菌迅速水解为甘油和游离脂肪酸，甘油和来自糖脂的糖迅速发酵，形成丙酸为奶牛供能；85%~90%的脂肪酸随食糜进入皱胃，再到小肠并主要在小肠吸收，空肠是小肠内脂肪酸吸收的主要场所，前端吸收15%~25%的脂肪酸，中后段吸收55%~65%，脂肪酸通过α-磷酸甘油途径合成甘油三酯。

（一）脂肪酸在小肠中的乳化

外流到小肠的游离脂肪酸，80%~90%为饱和脂肪酸，小肠中脂肪的吸收需要胰液和胆汁的共同作用，由于脂肪的非极性特性，胆汁酸对脂肪酸的乳化作用对吸收能否进行至关重要。在小肠中，脂肪酸首先需要被乳化。乳化剂（如胆汁盐）的作用是将脂肪分解为更小的乳糜微粒，这有助于增加脂肪与消化酶的接触面积，从而提高脂肪酸的消化率。在小肠中，胰酶（如胰脂肪酶）将甘油三酯分解为甘油和脂肪酸。长链脂肪酸及甘油一酯在上皮细胞内质网被重新合成为甘油三酯。胆汁的作用是将日粮中的脂肪脂滴分解为越来越小的微脂滴。胰脂肪酶本身的活性并不依赖于胆汁盐，但胆汁盐可将脂肪分散，促进了胰脂肪酶与脂肪的接触，接触面积的增加加速了胰脂肪酶催化的甘油三酯水解。胰腺液中也含有磷脂酶，可将磷脂、卵磷脂转化为溶血卵磷脂。

（二）小肠中脂肪酸的吸收方式

长链脂肪酸及甘油一酯在上皮细胞内被重新合成为甘油三酯后，与载脂蛋白合成乳糜微粒，再以出胞的方式进入细胞外组织间隙，然后扩散至淋巴管。中、短链甘油三酯水解产生的脂肪酸和甘油一酯是水溶性的，可直接进入血液循环而不进入淋巴管。

第六章 奶牛的脂肪营养与需要量

吸收后的脂肪酸在小肠细胞内与胆固醇、蛋白质等结合形成脂蛋白，这些脂蛋白颗粒（乳糜微粒）通过淋巴系统进入血液循环，从而被运输至全身各个组织和器官。

三、脂肪酸的氧化供能

脂肪酸在肝脏和肌肉中的氧化供能过程均遵循 β-氧化通路，奶牛能够有效地将脂肪储备转化为可用能量，支持其生产性能和生理需求。

（一）脂肪酸的活化与转运

脂肪酸在细胞质中首先被脂肪酸合成酶催化，与辅酶 A 结合形成酯酰辅酶 A，酯酰辅酶 A 无法直接穿过线粒体膜，需要通过肉碱转运系统：酯酰辅酶 A 与肉碱结合，形成酯酰肉碱，这一反应由肉碱棕榈酰转移酶（CPT I）催化。酯酰肉碱通过线粒体内膜转运进入线粒体内，在那里再由肉碱棕榈酰转移酶 II（CPT II）转化回酯酰辅酶 A，并释放出肉碱。

（二）β-氧化过程

脱氢：酯酰辅酶 A 的 β-碳与 α-碳之间的碳-碳键被脱氢酶氧化，生成烯酰辅酶 A，同时还原 NAD^+（氧化型辅酶 I）为 NADH（还原型辅酶 I）。

加水：烯酰辅酶 A 与水反应，生成 β-羟基脂酰辅酶 A。

再脱氢：β-羟基脂酰辅酶 A 被再脱氢，生成酮酰辅酶 A，过程中还原 FAD（氧化型辅酶 II）为 FADH2（还原型辅酶 II）。

硫解：酮酰辅酶 A 与辅酶 A 结合，释放出一分子乙酰辅酶 A，同时生成一个短了两个碳的酯酰辅酶 A。

上述过程循环进行，直至将偶数碳脂肪酸完全分解为乙酰辅酶 A 氧化供能。

（三）奇数碳脂肪酸的氧化

奇数碳脂肪酸的 β-氧化过程与偶数碳脂肪酸类似，但最终产物为乙酰辅酶 A 和丙酰辅酶 A。

丙酰辅酶 A 首先被羧化为 D-甲基丙二酸单酰辅酶 A，这个反应需要生物素作为辅因子。D-甲基丙二酸单酰辅酶 A 随后被异构酶转化为 L-甲基丙二酸单酰辅酶 A。L-甲基丙二酸单酰辅酶 A 在甲基丙二酸单酰辅酶 A 变位酶的作用下转化为琥珀酰辅酶 A，琥珀酰辅酶 A 可以进入 TCA 循环进一步供能。

（四）不饱和脂肪酸的氧化

不饱和脂肪酸的 β-氧化过程略有不同，主要因为顺式不饱和键不能被 β-氧化过程中的烯酰辅酶 A 水合酶催化的加水反应作用。

为了适应这一点，不饱和脂肪酸的 β-氧化需要额外的酶。

异构酶：将顺式双键转变为反式双键，使其能够参与后续的加水反应。

还原酶：将多不饱和脂肪酸转变为单不饱和脂肪酸。

经过这些步骤后，最终产生的反式单烯酰辅酶 A 能够进入正常的 β-氧化通路供能。

第三节 奶牛脂肪的营养需要量

奶牛的脂肪营养需求主要涉及其对能量的需求、乳脂的合成以及整体健康和生产性能的影响。奶牛的脂肪营养需求量受多种因素影响，包括生产阶段、能量需求、必需脂肪酸的需求等。合理的脂肪摄入不仅能提高奶牛的能量供应，还能促进乳脂的合成，改善乳制品的质量。通过科学的饲养管理和合理的饲料配方，可以有效满足奶牛的脂肪营养需求，从而提高生产性能和整

第六章 奶牛的脂肪营养与需要量

体健康。合理添加脂肪可以提高奶牛的生产性能和乳脂率,但过量添加可能会对瘤胃功能和乳成分产生不利影响。

NASEM(2021)不再使用粗脂肪来预测能量,而是使用 FA,而且对脂肪的消化率做了很大的调整,NASEM(2021)能量体系不再使用 NFC,取而代之的是淀粉和 ROM,ROM 指的是瘤胃可降解有机物。

NRC(2001)中脂肪酸的消化率设定为 0.92,是基于非常有限的数据给出的。在 2001 年之后,大量实验测定了脂肪酸的消化率,数据库得到更新,NASEM(2021)给出的脂肪酸消化率是 0.74 或者 0.73,具体用哪一个数据取决于所使用的数据库,这是一个更加精确的数值,但是,当饲喂更高脂肪酸含量或者更高脂肪的日粮时,它所提供的能量相比于 NRC(2001)公式来讲是大幅减少的。

在 NASEM(2021)营养需要中,能量计算方法所有的基础脂肪消化率都统一按照 0.73 来计算。在基础日粮之上,我们也会添加很多的脂肪添加剂,不同种类的添加剂也有不同的消化率,(油籽类 0.73、钙盐(棕榈油)0.76、高饱和度的甘油三酯 0.44),所有这些消化率都是根据之前文献所记载的数据总结的。所有脂肪酸的消化率,用户都可以修改,如果供应商提供了产品的消化率,也是可以通过手动的方式进行调整。

NASEM(2021)建议奶牛日粮中额外添加的脂肪不超过日粮干物质的 4%,总日粮脂肪不超过 7%。2%~4%的脂肪添加量不会影响奶牛的 DMI,但超过 5%则会使 DMI 下降。

NASEM(2021)建议分析脂肪酸组成,推荐的是脂肪酸的添加而不是笼统的脂肪。不同的脂肪酸功能不尽相同,例如 C16:0 对于改善乳脂肪效果好,C18:0 对体脂肪沉积和改善体况效果好,C18:1 对奶牛的繁殖有好处。

第七章 奶牛的矿物质营养与需要量

矿物元素约占奶牛体重的5%,矿物元素对奶牛的营养作用,包括骨骼健康、代谢调节、免疫功能、繁殖性能以及整体生产效率。根据在体内的含量,矿物元素分为常量元素和微量元素两大类。常量元素是指在体内含量大于0.01%的元素,微量元素是指在体内含量低于0.01%的元素。常量元素包括:钙、磷、钾、钠、氯、硫和镁7种,目前公认的必需微量元素包括:铜、铁、锰、锌、碘、硒和钴7种。

第一节 奶牛常量矿物元素营养与需要量

一、营养作用与生理功能

常量矿物元素是维持奶牛健康、生长、繁殖和泌乳的重要组成部分。适量的矿物元素补充和饲喂管理能够提高奶牛的生产性能,预防矿物元素缺乏引起的健康问题。饲养者应根据奶牛的生产阶段、饲料组成和营养需要,制定科学合理的矿物元素补充方案,以确保奶牛的健康和高效生产。

(一)钙(Ca)

钙是奶牛体内含量最高的矿物元素,是构成骨骼和牙齿的重要成分,占机体总钙量的98%~99%。

生理功能:钙是构成骨骼和牙齿的强度、硬度的重要成分,参与乳汁的形成和分泌,调节体内酶活,促进血液凝固,并作为

第七章 奶牛的矿物质营养与需要量

第二信使将信息从细胞表面传递至细胞内部；参与神经传导，影响肌肉收缩，调整心率，降低毛细血管和细胞膜的通透性，维持体内酸碱平衡，减缓肠道应激；钙还可以调控新陈代谢、激素分泌和细胞增殖等多种生理活动。

钙平衡：钙可以从骨骼中进入细胞外液，通过消化道分泌物和尿液排出体外。在奶牛泌乳过程中，钙的流失也很大。在泌乳早期，即使血浆钙浓度保持正常，钙的负平衡也会对奶牛产生不利影响，会出现产乳性骨质疏松，以确保钙从骨骼进入细胞外钙池，所有奶牛在泌乳早期都会从骨骼中损失 800~1 300 g 钙。在泌乳末期和干奶期，奶牛日粮供应充足的钙，可使奶牛处于积极的钙平衡，此时钙可恢复到奶牛骨骼中。在短期内，损失的钙通过甲状旁腺调节、减少尿钙排泄或通过骨钙的释放来维持钙平衡。但最终，日粮必须提供充足的钙来满足机体对钙的需要。甲状旁腺还可以调节肠道对钙的吸收。

缺乏症状：当日粮钙不足以满足奶牛营养需要时，奶牛将从骨骼中提取钙，以维持正常的细胞外液钙浓度，长期严重缺乏，会导致严重的骨钙流失，导致骨质疏松和骨折，犊牛和青年牛日粮缺钙，会导致生长迟缓或佝偻病等问题。新产牛细胞外液中钙突然大量流失，可能导致急性低钙血症，直至钙稳态机制被激活，血钙浓度恢复。干奶围产期奶牛饲喂高钾日粮，会引起血液碱化并导致碱中毒，干扰甲状旁腺激素对骨和肾细胞的作用，破坏钙稳态，从而导致低血钙症和产后瘫痪的发生。

（二）磷（P）

磷与钙共同构成骨骼和牙齿，占机体磷含量的 80% 左右。

生理功能：磷是构成骨骼和牙齿的重要成分，与钙共同作用，维持骨骼的强度和结构；参与能量代谢，是多种辅酶的组成成分，维持细胞结构和功能；也是瘤胃微生物降解纤维和合成微生物蛋白质所必需的元素；以磷脂的方式促进脂类物质和脂溶性维生素吸收；磷还可以改善奶牛繁殖性能；对于维持机体酸碱平衡和神经功能也非常重要。

磷的利用和稳态：磷在奶牛体内通常是以磷酸盐的形式存在，奶牛的瘤胃微生物可以分解和利用植酸磷，吸收的磷可保留使用（如胎儿骨骼、骨生长和重塑）或分泌和排出，主要作为唾液或肠腺分泌物进入消化道，可以在肠道后端再吸收或排泄。

缺乏症状：可能导致骨骼发育不良、产奶量降低、纤维消化率降低、食欲减退和繁殖性能降低等问题。

（三）镁（Mg）

生理功能：镁是细胞内的主要阳离子，作为酶促反应的辅酶因子参与体内的主要代谢途径，参与能量代谢，参与脂肪酸的β氧化；细胞外的镁对机体正常的神经传导、肌肉收缩和骨骼矿物元素沉积至关重要，影响细胞膜的完整性，同时也参与维持钙和磷的稳态，对瘤胃微生物活性有较大影响。

镁对奶牛营养的一个重要作用是需要足够的血液镁，以保证钙调节甲状旁腺激素的正常分泌和功能。氧化镁是奶牛常用无机来源，在补镁的同时还可以碱化瘤胃液，常用2份碳酸氢钠和1份氧化镁搭配使用效果更佳。

缺乏症状：可能导致食欲减退、粗饲料消化率降低、肌肉颤动、四肢抽搐、代谢性酸中毒和产奶量降低。低血镁症可干扰甲状旁腺激素对其受体的作用，引发低钙血症。

（四）钾（K）

钾是体内含量居第三的矿物元素，仅次于 Ca 和 P，奶牛机体几乎不储存钾离子，需要量很高，必须每天由日粮供给。

生理功能：钾参与渗透压和酸碱平衡的调节，与钠和氯一起维持细胞内外渗透压和机体酸碱平衡，维持机体神经和细胞的兴奋性；钾作为一些酶系的活化剂和辅酶，参与机体蛋白质和碳水化合物的代谢，维持正常的肌肉功能、心脏和肾脏组织机能方面发挥重要作用。

钾利用和稳态：奶牛日粮钾普遍丰富，钾可以在肠道内通过扩散作用完全吸收，吸收的主要部位是空肠和回肠。过量吸收的钾通过肾脏排出体外，肾钾的排泄由醛固酮调节，醛固酮增加肾脏中钠的再吸收，增大尿钾的排出。

缺乏症状：奶牛缺钾并不常见，因为钾在奶牛日粮中普遍较高。奶牛日粮钾缺乏可能导致食欲减退、产生异食癖、生长缓慢、毛发无光泽、肌肉无力或僵直、血浆和牛奶中钾浓度降低、红细胞压积升高及细胞内酸中毒等症状。

高钾的危害：当围产期奶牛饲喂高钾日粮量，碱中毒会干扰组织对甲状旁腺激素的反应，导致泌乳早期奶牛长时间的低钙血症；高钾日粮也能抑制瘤胃壁对镁的吸收，干扰甲状旁腺激素的分泌和甲状旁腺激素对组织的作用，也导致低钙血症，围产期日粮高钾与乳房水肿有关。

（五）钠（Na）和氯（Cl）

生理功能：钠和氯是维持渗透压的重要元素，维持机体水分平衡，维持肠道正常分泌功能，保障肠道正常吸收和分泌功能的平衡；参与钠钾质子泵功能，对其他阳离子跨膜运输起到重要作用，同时也对ATP介导的能量跨膜流动起到关键作用；参与氨基酸和葡萄糖的吸收，维持机体酸碱平衡，参与呼吸作用，维持氧气和二氧化碳在体内的平衡。

缺乏症状：短期钠缺乏可能导致异食癖及饮水和尿量的增加，长时间缺乏，导致食欲减退，产奶量和乳脂率下降；被毛粗糙、体重减轻，在高产奶牛中，严重的可能造成死亡。

极端的氯缺乏会造成犊牛厌食和嗜睡，并伴有轻度多饮和多尿现象；长时间极端缺乏还会引起犊牛严重的眼睛发育缺陷；在泌乳牛中，低氯日粮首先会引起异食癖，继而会降低产奶量并产生便秘和心血管抑制现象。

（六）硫（S）

硫是蛋白质的重要组成部分，参与多种酶的活性，对氨基酸代谢有重要作用。

生理功能：硫是含硫氨基酸的组成部分，参与蛋白质合成；也是硫胺素、生物素等的重要组成部分，还是胰岛素和催产素等内分泌激素的重要构成元素。硫酸盐是一种强阴离子，可以影响酸碱平衡，用于阴离子盐酸化血液，防止奶牛产后瘫痪。奶牛日粮中的硫主要作用是提供充足的底物，确保瘤胃微生物最大限度合成含硫氨基酸，含有 0.20% 硫的日粮足以满足瘤胃微生物对硫的需要。

缺乏症状：奶牛机体硫缺乏并没有特异的临床症状，硫缺乏常常与其他元素或者物质的缺乏一起造成瘤胃微生物蛋白质合成的降低，因此，在饲喂较多非蛋白氮的情况下，必有保证硫的摄入。

超量的危害：奶牛日粮硫过量会干扰其他元素的吸收，硫酸盐在瘤胃中可以还原成硫化物，与 Se、Cu、Mn 和 Zn 形成不溶性化合物，影响元素的吸收；日粮中的硫浓度超过 0.4% 即可出现中毒病症。急性硫中毒可以引起神经改变，包括失明、昏迷、肌肉抽搐和瘫痪。

二、营养需要量

常量元素需要量计算方法采用析因法，分为维持、生长、妊娠和泌乳需要，且以可吸收量进行估测，可吸收量的总和除以吸收效率（AC）就是日粮含量的推荐值。

第七章 奶牛的矿物质营养与需要量

（一）钙（Ca）

1. 维持需要

奶牛 Ca 的维持需要主要用于补充尿钙和粪钙损失，其中尿钙损失很少，目前也没有准确的方法进行预测，因此尿钙损失忽略不计。NRC（2001）中维持需要基于 BW 进行计算，NASEM（2021）基于 DMI 进行计算。

$$Ca\ (g/d) = 0.90\ (\pm 0.034) \times DMI\ (kg/d) \quad （式7-1）$$

2. 生长需要

奶牛 Ca 的生长需要主要来源于骨骼 Ca 沉积，幼年期牛在骨架快速生长阶段的 Ca 需要高于成年牛只。

$$Ca\ (g/d) = (9.83 \times MatBW^{-0.22}) \times BW^{-0.22} \times ADG \quad （式7-2）$$

式中：MatBW 为成年奶牛体重（kg）；BW 为当前体重（kg）；ADG 为平均日增重（kg/d）。

3. 妊娠需要

在妊娠前 190 d，胎儿发育的 Ca 需要微乎其微。当胎儿骨骼开始钙化时，尤其是妊娠的最后几周，Ca 的需要量才会大幅增加，每天的需要量可能达到 10 g 以上，妊娠 190 d 以上，奶牛子宫及胎儿每天吸收钙需要量如下。

$$Ca\ (g/d) = [0.02456e^{(0.05581-0.00007t)t} - 0.02456e^{(0.05581-0.00007(t-1))(t-1)}] \times BW/715 \quad （式7-3）$$

式中 t 为妊娠天数，妊娠钙需要量基于体重 715 kg 计算。

4. 泌乳需要

在 NRC（2001）中，荷斯坦牛和娟姗牛每千克牛奶 Ca 含量分别按照 1.22 g 和 1.45 g 来计算。牛奶中 65% 的 Ca 与酪蛋白结合，因此牛奶 Ca 含量与酪蛋白浓度具有正相关关系。为了校正不同品种之间的乳蛋白含量差异，NASEM（2021）基于牛奶 Ca

和乳真蛋白建立了以下回归公式。

Ca（g/kg）= 0.295（±0.73）+0.239（±0.029）×乳真蛋白率 （式7-4）

5. 吸收效率

Ca 来源的 AC 以氯化钙为参考基准。在 NRC（2001）中，氯化钙的 AC 设置为 0.95。然而，该数据来源于犊牛试验，犊牛对于氯化钙的 AC 高于正常的反刍动物，因此基准氯化钙的 AC 不准确，以此为依据的其他 Ca 来源的 AC 也不准确。NASEM（2021）仍将氯化钙作为基准，但调整了 AC 为 0.60，以此为依据的其他大部分 Ca 来源的 AC 都有不同程度的下降，具体详见表 7-1。

表 7-1　Ca 来源的 AC 调整

来源	NRC（2001）	NASEM（2021）
氯化钙	0.95	0.6
碳酸钙	0.75	0.5
二水氯化钙	0.95	0.6
氢化钙	0.55	0.6
氧化钙	0.5	0.33
磷酸二氢钙	0.95	0.6
二水硫酸钙	0.7	0.6
磷酸氢钙	0.94	0.6
含镁石灰石	0.6	0.35
石粉	0.7	0.45
氧化镁	0.7	0.45
磷酸盐，脱氟	0.7	0.45

(续表)

来源	NRC（2001）	NASEM（2021）
磷矿石	0.3	0.22
除磷矿石，所有矿物来源平均	0.86	0.55
豆科饲料	0.3	0.3
玉米青贮	0.6	0.4
禾本科牧草	0.3	0.4
其他饲料	0.3	0.4

资料来源：NRC（2001）和 NASEM（2021）。

（二）磷（P）

1. 维持需要

奶牛 P 的维持需要主要分为内源粪 P 和尿 P。NRC（2001）根据生长公牛的数据将可吸收磷需要量设定为 0.8 g/kg DMI，而 NASEM（2021）根据近些年的研究数据将后备牛和成母牛分开，将可吸收磷需要量分别设定为 0.8 g/kg DMI 和 1.0 g/kg DMI。NRC（2001）中估测奶牛的内源尿 P 损失为 2 mg/kg BW。近些年的众多研究的结果表明，奶牛内源尿 P 损失在 0.2~0.9 mg/kg BW，NASEM（2021）将该数值设置为 0.6 mg/kg BW。

后备牛可吸收 P（g/d）= 0.8 gP/kgDMI+0.0006 gP/kgBW

（式 7-5a）

成母牛可吸收 P（g/d）= 1.0 gP/kgDMI+0.0006 gP/kgBW

（式 7-5b）

2. 生长需要

奶牛 P 的生长需要是软组织和骨骼组织中可吸收磷沉积量的总和。与 Ca 一样，骨骼生长较快的年幼牛只的 P 需要量高于年长牛只。由于数据有限，NASEM（2021）继续采用了 NRC

(2001) 中的计算公式。

$$P(g/d) = \{1.2 + [(4.635 \times MatBW^{0.22})(BW^{-0.22})]\} \times ADG$$
(式 7-6)

式中 MatBW 为预期成年活体重，kg；BW 为当前体重，kg；ADG 为平均日增重，kg/d。

3. 妊娠需要

研究表明，在奶牛妊娠 190 d 之前，胎儿发育所需 P 非常少，可以忽略不计。由于数据有限，NASEM（2021）继续采用了 NRC（2001）中的计算公式，妊娠 190 d 以上，满足胎儿可吸收磷需要量如下。

$$P(g/d) = [0.02743e^{(0.05527-0.000075t)t} - 0.02743e^{(0.05527-0.000075(t-1))(t-1)}] \times BW/715$$
(式 7-7)

式中 t 为妊娠天数，成母牛平均体重为 715 kg。荷斯坦妊娠母牛磷的沉积率估计值从妊娠 190 d 的 1.7 g/d 增加至妊娠 280 d 的 5.4 g/d，模型中，妊娠小于 190 d 的牛，磷的需要量设定为 0。

4. 泌乳需要

牛奶中 P 的含量在 0.83~1.00 g/kg，NASEM（2021）与 NRC（2001）一样，将该数值设置为 0.90 g/kg。牛奶中乳蛋白质和磷的含量具有相关性，牛奶中磷可以通过乳蛋白质含量估计，泌乳期可吸收磷的需要量设定如下。

乳蛋白率未知：P（g/d）= 0.90×产奶量（kg/d）

(式 7-8a)

乳真蛋白率已知：P（g/d）=（0.49 + 0.13×乳真蛋白率）×产奶量（kg/d）　　　　　　　　　　　(式 7-8b)

5. 吸收效率

在 NRC（2021）中，除玉米青贮外，所有粗饲料来源 P 的

AC 设置为 0.64，其余所有饲料则为 0.70。根据这些原料的加权平均，整个日粮 P 的 AC 值约为 0.70。然而，NASEM（2021）则将 P 的来源分为有机和无机两个部分，AC 分别设置为 0.68 和 0.84。若某些原料中的 P 来源无法进行区分，则选用相似原料的 AC 值，或者默认为 0.72。

（三）镁（Mg）

1. 维持需要

NRC（2001）仅根据奶牛 BW 来计算维持需要 Mg，而 NASEM（2021）将其分为两部分，将奶牛代谢粪 Mg 和内源尿 Mg 损失分别设置为 0.30 g/kg DMI 和 0.0007 g/kg BW，因此奶牛的维持需要如下。

$$Mg\ (g/d) = 0.30 \times DMI\ (kg/d) + 0.0007 \times BW\ (kg)$$

（式 7-9）

2. 生长需要

相关研究数据表明，奶牛自出生至 BW 达到 500 kg，体组织 Mg 含量由 0.65 g/kg 下降至 0.20 g/kg，因此 NRC（2001）将每千克增重的 Mg 需要设置为 0.45 g 是合理的，NASEM（2021）继续采用了该数值，即奶牛的生长需要如下。

$$Mg\ (g/d) = 0.45 \times ADG\ (kg/d) \quad （式 7-10）$$

3. 妊娠需要

根据新生犊牛体组织的 Mg 含量估计，妊娠后期胎儿发育所需 Mg 约为 0.30 g/d，再考虑到奶牛分娩时低血镁的风险，NASEM（2021）将该数值设置为 0.30 g/d，即奶牛妊娠需要如下。

$$>190\ d\ 妊娠\ Mg\ (g/d) = 0.30 \times (BW/715\ kg) \quad （式 7-11）$$

4. 泌乳需要

NASEM（2021）将常乳 Mg 含量设置为 0.11 g/kg，即奶牛

的泌乳需要如下。

$$Mg~(g/d) = 0.11×产奶量~(kg/d) \qquad (式7-12)$$

初乳 Mg 含量远高于常乳，约为 0.38 g/kg，且奶牛体内 Mg 的储存量有限，因此妊娠后期需要提供足够的 Mg，以便满足初乳合成的需要。

5. 吸收效率

NASEM（2021）采用了大量的数据建立模型估测 Mg 的 AC，且考虑了日粮 K 含量对 Mg 吸收的影响。在日粮 K 含量为 1.2% DM 时，基础日粮 Mg 的 AC 为 0.31，与 NRC（2001）接近。然而，当日粮 K 含量高于 1.2%DM 时，基础日粮 Mg 的 AC 会随之增加而下降。关于矿物质 Mg 来源的 AC 情况，具体见表 7-2。

表 7-2 Mg 来源的 AC

来源	Mg 含量（%）	AC
碳酸镁	30.8	0.23
六水氯化镁	12	0.27
氢氧化镁	41.7	0.23
氧化镁	56.2	0.23
七水硫酸镁	9.8	0.27

资料来源：NASEM（2021）。

（四）钠（Na）

1. 维持需要

NASEM（2021）基于代谢粪 Na 进行估测，即奶牛的维持需要如下。

$$Na~(g/d) = 1.45×DMI~(kg/d) \qquad (式7-13)$$

2. 生长需要

与 NRC（2001）一样，对于 BW 在 150~600 kg 的牛只，NASEM（2021）将其生长需要 Na 设置为 1.40 g/kg ADG，即奶

牛的生长需要如下。

　　Na（g/d）= 1.40×ADG（kg/d）　　　　　（式7-14）

3. 妊娠需要

与 NRC（2001）类似，奶牛妊娠 190~270 d 的胎儿发育所需 Na 为 1.40 g/d，即奶牛的妊娠需要如下。

　　Na（g/d）= 1.40×（BW/715 kg）　　　　（式7-15）

4. 泌乳需要

NRC（2001）中将牛奶 Na 含量设置为 0.65 g/kg。然而，最新的一些研究表明牛奶 Na 含量平均为 0.41 g/kg，比 NRC（2001）低了近 40%，这可能是因为牛奶 Na 的含量与乳房炎和 SCC 有关。随着奶牛健康的改善，牛奶 Na 含量也有所降低。因此，NASEM（2021）将该数值设置为 0.40 g/kg，即奶牛的泌乳需要如下。

　　Na（g/d）= 0.40×产奶量（kg/d）　　　　（式7-16）

5. 吸收效率

Na 是一种非常容易吸收的元素，NASEM（2021）将基础日粮中 Na 的 AC 由 0.90NRC（2001）增加至 1.0。对于常见的矿物质来源 Na，例如氯化钠、碳酸钠和小苏打等，其 AC 也设置为 1.0。

（五）氯（Cl）

1. 维持需要

NASEM（2021）基于代谢粪 Cl 进行估测，即奶牛的维持需要如下。

　　Cl（g/d）= 1.11×DMI（kg/d）　　　　　（式7-17）

2. 生长需要

与 NRC（2001）一样，NASEM（2021）将 BW 在 150~600 kg 牛只的生长需要 Cl 设置为 1.0 g/kg ADG，即奶牛的生长需要如下。

Cl (g/d) = 1.0×ADG (kg/d)　　　　　　　　（式7-18）

3. 妊娠需要

奶牛妊娠190 d以后的Cl需要为1.0 g/d，即奶牛的妊娠需要如下。

Cl (g/d) = 1.0× (BW/715 kg)　　　　　　　（式7-19）

4. 泌乳需要

NASEM（2021）将该数值设置为1.0 g/kg，即奶牛的泌乳需要如下。

Cl (g/d) = 1.0×产奶量 (kg/d)　　　　　　　（式7-20）

5. 吸收效率

与Na一样，Cl也是一种非常容易吸收的元素，且来源广泛。NASEM（2021）将基础日粮和矿物质来源Cl的AC由0.90［NRC（2001）］提升至0.92。

（六）钾（K）

1. 维持需要

NASEM（2021）基于奶牛K的摄入量建立回归公式，发现代谢粪K损失为2.48 g/kg DMI，因此将该数值设置为2.50 g/kg DMI。同时，NASEM（2021）提高了内源尿K损失，以更符合生物学规律，泌乳牛设置为0.20 g/kg BW，后备牛和干奶牛设置为0.07 g/kg BW。

泌乳奶牛 K (g/d) = 2.50×DMI (kg/d) +0.20×BW (kg)
　　　　　　　　　　　　　　　　　　　　　（式7-21）

非泌乳奶牛 K (g/d) = 2.50×DMI (kg/d) +0.07×BW (kg)
　　　　　　　　　　　　　　　　　　　　　（式7-22）

2. 生长需要

NRC（2001）将奶牛生长K需要设置为1.60 g/kg ADG。然

而，奶牛的屠宰数据显示，体组织的 K 总含量平均为 2.49 g/kg，因此 NASEM（2021）将该数值设置为 2.50 g/kg，即奶牛的生长需要如下。

K（g/d）= 2.50×ADG（kg/d）　　　　　　（式 7-23）

3. 妊娠需要

与 NRC（2001）一样，NASEM（2021）将奶牛妊娠 190 d 以后的 K 需要设置为 1.03 g/d，即奶牛的妊娠需要如下。

K（g/d）= 1.03×BW/715 kg　　　　　　（式 7-24）

4. 泌乳需要

与 NRC（2001）一样，NASEM（2021）将牛奶 K 含量设置为 1.50 g/kg，即奶牛的泌乳需要如下。

K（g/d）= 1.50×产奶量（kg/d）　　　　　（式 7-25）

5. 吸收效率

大部分 K 来源的 AC 在 0.95 以上，NASEM（2021）将 AC 值由 0.90［NRC（2001）］增加至 1.0。

（七）硫（S）

由于缺乏新的数据，NASEM（2021），各阶段奶牛（不包括反刍前的犊牛）对硫的需要都是日粮 DM 的 0.2%或是：

总 S（g/d）= DMI×2.0　　　　　　　　（式 7-26）

式中 DMI 为 kg/d，S 为总采食量，不是吸收量。

第二节　奶牛必需微量元素营养与需要量

一、营养作用与生理功能

奶牛的健康和生产性能依赖于必需微量元素的平衡摄入。微量元素在奶牛的营养中发挥重要作用，影响着奶牛的生长、繁殖、免疫和整体健康。合理的微量元素补充对于提高奶牛的生产性能和预防缺乏症至关重要。奶牛养殖场应根据奶牛的生产阶段和实际需求，制定科学合理的微量元素补充方案，以确保奶牛的健康和高效生产。

(一) 铜 (Cu)

铜是铜蛋白和多种酶的重要成分，参与铁的代谢和红细胞的形成，对于铁的吸收、免疫系统、生殖系统等方面都有着重要的作用。

生理功能：铜是多种酶、辅酶和蛋白质的组成成分，在奶牛繁殖性能和骨骼发育中发挥重要作用；铜参与铁的代谢和细胞有氧呼吸过程中的电子传递过程；维护骨骼和其他组织的形态和正常功能；促进血红蛋白合成和黑色素的形成，保护细胞免受氧化损伤。

缺乏症：铜缺乏可能导致贫血、生长迟缓、骨骼脆弱和骨质疏松、心脏功能衰竭、繁殖力下降和免疫功能下降，铜缺乏还可导致被毛褪色或脱毛。

(二) 铁 (Fe)

铁是血红蛋白和肌红蛋白的组成成分，它参与氧气的运输和细胞呼吸作用，对奶牛的生长和发育至关重要。

生理功能：铁是构成血红蛋白的重要成分之一，在肺呼吸和细胞呼吸中发挥重要的氧气和二氧化碳转运作用，同时铁也是多种蛋白质和酶的核心结构，参与能量代谢，增强免疫功能，在奶牛代谢过程中发挥重要作用。

缺乏症：成年牛对铁的需求量很小，缺铁极为少见，哺乳期快速生长的犊牛应补铁，缺铁导致贫血，精神萎靡、食欲不振、生长迟缓、免疫力下降等问题。

第七章 奶牛的矿物质营养与需要量

(三) 锰 (Mn)

参与骨骼的形成、生殖功能以及某些酶的活性，参与碳水化合物和脂肪的代谢，影响动物的生长和发育。

生理功能：锰是氨基酸、碳水化合物和脂类正常代谢所必需的许多酶和蛋白质的辅助因子，参与物质代谢，减少氧化应激，参与胆固醇和性激素的合成，对奶牛生长、发育和繁殖性能产生影响。

缺乏症：锰缺乏表现为生长受阻、共济失调、骨骼异常、繁殖性能下降和新生儿异常，包括共济失调等。

(四) 锌 (Zn)

锌是许多酶的组成部分，参与蛋白质合成和细胞分裂，对免疫系统、生殖系统有着重要的作用。

生理功能：锌参与营养物质代谢和免疫系统、基因、激素、神经传递、细胞凋亡等调控。

缺乏症：锌缺乏表现为 DMI 和生长速度下降；长期缺锌，表现为蹄角变弱，腿部、头部和颈部皮肤角化不全。

(五) 碘 (I)

碘是甲状腺激素的组成部分，影响新陈代谢和生长发育。

生理功能：碘是甲状腺激素的组成部分，参与体温调节，影响奶牛食欲，调节细胞呼吸作用和能量代谢，影响机体代谢、生长和免疫功能。

缺乏症：缺碘，常导致新生犊牛甲状腺肿大，出生时没有毛发、虚弱或死亡，死胎；成年牛缺碘，也导致甲状腺肿大，系列性能下降，发病率增加。

(六) 硒 (Se)

硒是特定硒蛋白的组分，具有抗氧化作用，保护细胞免受氧化损伤。

生理功能：硒参与谷胱甘肽过氧化酶等多种酶的结构和功能的维持，参与机体抗氧化功能，有助于增强机体免疫功能。

缺乏症：白肌病是硒缺乏的典型疾病，表现为腿无力、僵硬、肌肉颤动，伴随腹泻，还会导致母牛胎衣不下。

（七）钴（Co）

钴是维生素 B_{12} 的组成部分，参与红细胞的生成和蛋白质的代谢。

生理功能：影响能量代谢和神经系统的正常功能；对于维持正常的生长和繁殖也非常重要。

缺乏症：钴缺乏可能导致维生素 B_{12} 缺乏症，影响红细胞生成和神经系统功能，表现为贫血、神经系统问题和生长迟缓。

二、营养需要量

奶牛微量元素的需要量计算方法也是采用析因法，分为维持、生长、妊娠和泌乳需要，且以可吸收量进行估测，可吸收量的总和除以 AC 就是日粮推荐含量。NASEM（2021）对微量元素需求量采用预估平均需要量（EAR）、适宜摄入量（AI）2 种表达方式。EAR：预估满足某一特定生理阶段和性别群体中，一半健康个体每天所需的平均营养物质摄入量；建议在基础需求量的数值上乘以 1.2，这样就可以满足群体中 97%~98% 个体奶牛的需要。AI：由专家小组根据有限的试验数据确定的、满足或超过某一特定群体每天所需的平均营养物质摄入量，定义的每日平均摄入量。AI 在 EAR 无法确定的情况下使用。

（一）铜（Cu）

维持需要：奶牛的内源 Cu 损失主要来源于胆汁和尿液。研究表明，奶牛的胆汁和尿液损失的 Cu 约为 0.0145 mg/kg BW，故 NASEM（2021）将奶牛的维持需要（可吸收）Cu 设置如下：

第七章 奶牛的矿物质营养与需要量

Cu（mg/d）= 0.0145×BW（kg） （式7-27）

生长需要：试验数据显示，牛只体组织 Cu 含量为 2.0~2.5 mg/kg，为了避免牛只 Cu 摄入量过多，NASEM（2021）将奶牛的生长需要（可吸收）Cu 设置如下。

Cu（mg/d）= 2.0×ADG（kg/d） （式7-28）

妊娠需要：NASEM（2021）将奶牛妊娠前 90 d 的 Cu 需要量设置为 0，妊娠 90~190 d 和>190 d 的（可吸收）Cu 需要量分别设置如下。

妊娠（90~190 d）Cu（mg/d）= 0.3μg/kg BW（kg）

（式7-29）

妊娠（>190 d）Cu（mg/d）= 2.3μg/kg BW（kg）

（式7-30）

泌乳需要：最新的数据显示，当日粮 Cu 含量处于正常水平时，牛奶 Cu 含量为 0.04 mg/kg。因此，NASEM（2021）将奶牛的泌乳需要（可吸收）Cu 设置如下。

Cu（mg/d）= 0.04×产奶量（kg/d） （式7-31）

吸收效率：奶牛 Cu 的肠道 AC 受年龄、化学形态和拮抗剂的影响。有关矿物质来源 Cu 的 AC 研究数据非常有限，NASEM（2021）将商业通用硫酸铜的 AC 设置为 0.05，其他来源可根据特定产品和情况修订（表 7-3）。

表 7-3 矿物质来源 Cu 的 AC

来源	Cu 含量（%）	NRC（2001）	NASEM（2021）
五水硫酸铜	25.5	0.05	0.05
二水氯化铜	37.2	0.05	0.05
氧化铜	79.9	0.01	0.005

资料来源：NRC（2001）和 NASEM（2021）。

(二) 锰 (Mn)

维持需要：新的研究数据表明，奶牛的维持需要 Mn 高于 0.0016~0.002 mg/kg BW，每天维持 Mn 平衡的维持需要量为 430 mg，约为 0.0026 mg/kg BW。因此，NASEM（2021）将奶牛的维持需要（可吸收）Mn 设置为 0.0026 mg/kg BW。

Mn (mg/d) = 0.0026×BW (kg)　　　　　　　（式7-32）

生长需要：由于缺乏数据支持，NASEM（2021）模型继续采用 NRC（2001）奶牛的生长需要 Mn 设置为 0.7 mg/kg ADG。

Mn (mg/d) = 2.0×ADG (kg/d)　　　　　　　（式7-33）

妊娠需要：根据奶牛的 BW（715 kg），NASEM（2021）将奶牛妊娠 190 d 以上的 Mn 需要设置为 0.42μg/kg BW。

Mn (mg/d) = 0.00042×BW (kg)　　　　　　（式7-34）

泌乳需要：牛奶中 Mn 含量在 0.016~0.05 mg/kg，加权平均值为 0.027 mg/kg，接近 0.03 mg/kg，故 NASEM（2021）模型继续采用该数值。

Mn (mg/d) = 0.03×产奶量 (kg/d)　　　　　　（式7-35）

吸收效率：NASEM（2021）模型将基础日粮及氯化和硫酸盐来源 Mn 的 AC 分别设置为 0.004 和 0.005（表7-4）。

表7-4　矿物质来源 Mn 的 AC

来源	Mn 含量（%）	NRC（2001）	NASEM（2021）
氯化锰	43	0.012	0.005
四水氯化锰	27.7	0.012	0.005
一水硫酸锰	32.5	0.012	0.005
五水硫酸锰	22.8	0.01	0.005
碳酸锰	47.8	0.0015	0.0015
氧化锰	77.5	0.0025	0.003

资料来源：NRC（2001）和 NASEM（2021）。

(三) 锌 (Zn)

维持需要：新的研究数据表明，育成牛和泌乳牛的内源尿 Zn 损失分别为 0.003 mg/kg BW 和 0.0016 mg/kg BW，非常低。因此，NASEM（2021）将奶牛的内源尿 Zn 损失设置为 0。关于代谢粪 Zn 损失，众多研究的结果并不统一，NASEM（2021）根据奶牛的相关试验数据，采用平均值，将内源粪 Zn 损失设置为 5 mg/kg DMI。

$$Zn\ (mg/d) = 5.0 \times DMI\ (kg) \qquad (式7\text{-}36)$$

生长需要：NASEM（2021）将奶牛的生长需要 Zn 设置为 24 mg/kg ADG。

$$Zn\ (mg/d) = 24 \times ADG\ (kg/d) \qquad (式7\text{-}37)$$

妊娠需要：由于数据缺乏，NASEM（2021）未更改奶牛的妊娠需要 Zn，设置为 0.017 mg/kg BW。

$$Zn\ (mg/d) = 0.017 \times BW\ (kg) \qquad (式7\text{-}38)$$

泌乳需要：NASEM（2021）将奶牛的泌乳需要 Zn 设置为 4 mg/kg 产奶量。

$$Zn\ (mg/d) = 4.0 \times 产奶量\ (kg/d) \qquad (式7\text{-}39)$$

吸收效率：根据相关研究，NASEM（2021）将基础日粮 Zn 和氧化锌的 AC 值分别设置为 0.20 和 0.16（表 7-5）。

表 7-5 矿物质来源 Zn 的 AC

来源	Zn 含量（%）	NRC（2001）	NASEM（2021）
氯化锌	48	0.2	0.2
一水硫酸锌	36.4	0.2	0.2
碳酸锌	52.1	0.1	0.2
氧化锌	78	0.12	0.16

资料来源：NRC（2001）和 NASEM（2021）。

(四) 铁 (Fe)

维持需要：由于在体组织和蛋白的合成代谢中，大部分 Fe 能有效地回收和循环利用，因此奶牛的维持需要 Fe 可以忽略不计。

生长需要：奶牛体组织的 Fe 含量在 18~34 mg/kg BW，故 NASEM（2021）将奶牛的生长需要 Fe 设置如下。

$$Fe\ (mg/d) = 34.0 \times ADG\ (kg/d) \qquad (式7-40)$$

妊娠需要：NASEM（2021）将奶牛妊娠 190 d 以上的 Fe 需要设置如下。

$$Fe\ (mg/d) = 0.025 \times BW\ (kg) \qquad (式7-41)$$

泌乳需要：NASEM（2021）按照牛奶 Fe 含量 1.0 mg/kg 计算奶牛的泌乳需要 Fe。

$$Fe\ (mg/d) = 1.0 \times 产奶量\ (kg/d) \qquad (式7-42)$$

吸收效率：饲料原料和矿物质来源 Fe 的 AC 受总供应量、化学形式和动物状态的影响。在基础日粮中，Fe 主要来源于粗饲料，且多来源土壤污染，以氧化铁为主，其几乎无法被奶牛吸收利用。再加上缺乏相关数据，NASEM（2021）将基础日粮 Fe 的 AC 设置为 0.10，将硫酸亚铁、碳酸亚铁和氧化铁的 AC 分别设置为 0.20、0.10 和 0.01（表 7-6）。

表 7-6 矿物质来源 Fe 的 AC

来源	Fe 含量（%）	AC
七水硫酸亚铁	21.8	0.2
一水硫酸亚铁	32.9	0.2
碳酸亚铁	38	0.1
氧化铁	60	0.01

资料来源：NASEM（2021）。

第七章 奶牛的矿物质营养与需要量

(五) 碘 (I)

奶牛的维持需要 I 主要用于甲状腺素的合成，而体重是影响甲状腺分泌率 (TSR) 的主要决定因素，因此不同生理阶段的奶牛都是依据体重来计算维持需要的 I 量，I 的维持 AI 通过以下公式预测。

$$I\ (mg/d) = 0.216 \times BW^{0.528} \quad \text{(式 7-43)}$$

NASEM（2021）根据牛奶 I 含量进行计算，在低 I 摄入量的情况下，牛奶 I 含量约为 0.05 mg/kg。若日粮 I 转化为牛奶 I 的 AC 按照 0.5 计算，那么奶牛的泌乳需要 I（AI, mg/d）则为 0.1 mg/kg 产奶量，则除犊牛外的所有牛的总 AI 计算公式如下。

$$日粮\ I\ (AI, mg/d) = 0.216 \times BW^{0.528} + 0.1 \times 产奶量 \quad \text{(式 7-44)}$$

不具备反刍功能的犊牛，按照 0.8 mg/kg DMI 进行计算。一旦犊牛开始反刍，使用式 7-44 计算。

(六) 钴 (Co)

基于研究数据，NASEM（2021）将奶牛 Co 的 AI 定为 0.20 mg/kg DM。

$$Co\ (AI, mg/d) = 0.20 \times DMI\ (kg/d) \quad \text{(式 7-45)}$$

(七) 硒 (Se)

目前，美国食品药物监督管理局 (FDA) 将奶牛 Se 的添加量限定为 0.30 mg/kg DM。因此，NASEM（2021）将所有阶段奶牛 Se 的 AI 设置如下。

$$Se\ (AI, mg/d) = 0.3 \times DMI\ (kg/d) \quad \text{(式 7-46)}$$

在奶牛的微量矿物质体系方面，与 NRC（2001）相比，NASEM（2021）中 Cu、Mn 和 Zn 的推荐量变化最大，Cr、I 和 Co 的推荐量有小幅微调，而 Fe 和 Se 的推荐量维持不变，具体情况见表 7-7。

表7-7 奶牛的微量矿物质体系调整情况

元素	维持需要	生长需要	妊娠需要 (>190 d)	泌乳需要	基础日粮吸收效率	总需求量 (mg/kg) 泌乳牛 (BW 650 kg, 产奶量 35 kg/d, DMI 23 kg/d)	总需求量 (mg/kg) 干奶牛 (BW 700 kg, 妊娠>190 d, DMI 13.5 kg/d)
Cu	0.007上调为0.0145 mg/kg BW	1.15上调为2.0 mg/kg ADG	2.0 mg/d更改为2.3μg/kg BW	0.15下调为0.04 mg/kg 产奶量	0.04上调为0.05	11.0 vs 10.0, 下降9%	13.0 vs 18.0, 增加38%
Mn	0.002上调为0.0026 mg/kg BW	无变化 (0.7 mg/kg ADG)	0.3 mg/d更改为0.42 μg/kg BW	无变化 (0.03 mg/kg 产奶量)	0.0075下调为0.004	14.0 vs 30.0, 增加114%	17.0 vs 40.0, 增加135%
Zn	0.045 mg/kg BW改为5.0 mg/kg DMI	无变化 (24.0 mg/kg ADG)	无变化 (0.017 mg/kg BW)	无变化 (4.0 mg/kg 产奶量)	0.15上调为0.20	50.0 vs 55.0, 增加10%	22.0 vs 30.0, 增加36%
Fe	无变化 (忽略不计)	无变化 (34.0 mg/kg ADG)	无变化 (0.025 mg/kg BW)	无变化 (1.0 mg/kg 产奶量)	无变化 (0.1)	无变化 (16.0)	无变化 (14.0)
I	0.006 mg/kg BW 改为 0.216 BW$^{0.528}$ mg/d	—	—	0.015 mg/kg BW (总需求) 改为0.1 mg/kg 产奶量	—	0.42 vs 0.44 增加5%	0.31 vs 0.51, 增加65%
Cr	—	—	—	—	—	最高 0.50	
Co	—	—	—	—	—	0.11 vs 0.20 增加82%	
Se	—	—	—	—	—	最高 0.30	

资料来源：上海奶牛研究所。

第八章 奶牛的维生素营养与需要量

维生素是维持奶牛机体正常功能不可或缺的物质,具有多种功能,参与新陈代谢、生理和健康的各个方面,在体内主要以辅酶和辅酶组成部分的形式广泛参与代谢过程,从而保证机体组织器官具有正常功能,对生长发育、繁殖、泌乳和整体健康至关重要。

根据溶解性,维生素可分为脂溶性维生素和水溶性维生素,化学性质和生理功能各不相同,任何一种维生素缺乏,均会引起代谢紊乱,影响机体健康和生产性能,严重的会导致明显的临床缺乏症状。

第一节 奶牛的脂溶性维生素营养与需要量

脂溶性维生素不仅对奶牛的健康和生产性能有直接影响,还通过影响免疫功能、氧化应激和炎症反应等间接影响奶牛的整体健康,在奶牛的生长发育、免疫功能、骨骼健康以及繁殖等方面起着至关重要的作用。确保奶牛日粮中这些维生素的充足供应对于维持奶牛的健康和生产性能至关重要。

一、脂溶性维生素营养作用与生理功能

目前已知的脂溶性维生素包括维生素 A、维生素 D、维生素 E、维生素 K。在奶牛体内,脂溶性维生素与脂肪一起吸收,并可在体内储存。维生素 A 和维生素 E 必须由饲料供给,部分维

生素 D 可通过阳光照射在皮肤中合成，维生素 K 也可由瘤胃和肠道微生物合成。很多天然饲料中都含有维生素 A 的前体物和维生素 E，在理想状态下，奶牛饲料中不需要再额外添加脂溶性维生素。但是，随着饲养模式的改变和生产性能的不断提高，奶牛接触阳光照射和采食新鲜饲草的机会减少，需要量也在不断提高，养殖生产中仅依靠饲料中含有的天然维生素和通过阳光照射合成的维生素往往是不足的，必须根据营养需要额外添加。

（一）维生素 A

1. 营养作用

维生素 A 参与视紫红质的合成，对动物正常生长发育、正常视力、免疫功能、繁殖功能、骨骼组织维持和皮肤和黏膜的健康有重要作用。

2. 生理功能

（1）维护视觉健康　维生素 A 是视网膜中视紫红质的组成部分，参与视觉过程，尤其是在低光环境下的视觉适应。

（2）提高免疫机能　维生素 A 有助于维持上皮细胞的完整性，增强免疫系统的功能，抵御感染。

（3）促进生长发育　对细胞分化和生长至关重要，尤其是在胎儿和幼牛的发育过程中。

（4）维护生殖健康　维生素 A 对繁殖系统的正常功能也很重要，影响卵巢和精子的发育。

3. 缺乏症

（1）夜盲症、干眼症　缺乏维生素 A 可能导致视力下降、结膜干燥、角膜浑浊甚至失明。

（2）免疫力下降　增加感染的风险，导致疾病发生率上升。

（3）生长缓慢　幼牛可能出现生长迟缓和发育不良。

（4）生殖问题　可能导致不孕、受胎率低、流产和胎儿发

第八章 奶牛的维生素营养与需要量

育异常。

(5) 被毛及皮肤问题　被毛粗糙无光泽、上皮组织角质化。

(二) 维生素 D

1. 营养作用

维生素 D 是一种激素原，能够通过阳光照射合成，可以促进肠道钙和磷的吸收，维持血液中钙产量，维持骨骼健康，并在奶牛免疫反应和疾病预防中发挥作用。

2. 生理功能

(1) 促进钙磷代谢　维生素 D 促进肠道对钙和磷的吸收，维持血液中钙磷的平衡，支持骨骼健康。

(2) 维持骨骼健康　促进骨骼的矿化，防止骨质疏松和佝偻病。

(3) 增加免疫机能　参与调节免疫反应，有助于防止感染。

3. 缺乏症

(1) 佝偻病　缺乏维生素 D 可能导致骨骼发育不良，出现佝偻病或骨质疏松，软骨病（关节炎）等症状。

(2) 免疫力下降　增加感染性疾病的风险。

(3) 生长缓慢　幼牛可能出现生长迟缓和运动能力下降。

(三) 维生素 E

1. 营养作用

维生素 E 具有抗氧化功能，主要以生育酚的形式存在，其中以 α-生育酚的活性最强，且动物组织中 90% 以上都是 α-生育酚，它也是饲料中维生素 E 的最主要存在形式，能抑制和减缓体内多不饱和脂肪酸的氧化和过氧化，中和氧化过程中形成的自由基，保护细胞及细胞器脂质膜结构的完整性和稳定性，维持肌肉、神经和外周血管的正常功能。有助于提高奶牛的免疫反应，尤其在产前过渡期对肝和乳腺相关基因表达水平的调节中起到重要作用。

2. 生理功能

(1) 抗氧化作用　保护细胞膜免受自由基的损伤，维持细胞健康。

(2) 免疫功能　增强免疫系统的功能，促进抗体的产生。

(3) 生殖健康　参与生殖细胞的发育，影响生育能力。

3. 缺乏症

(1) 肌肉变性　缺乏维生素 E 可能导致肌肉变性，表现为"白肌病"。

(2) 免疫力下降　增加感染的风险，导致疾病发生率上升。

(3) 生殖问题　可能导致不孕、繁殖率下降、流产和胎儿发育异常。

(4) 会导致体内多不饱和脂肪酸过度氧化，细胞膜和溶酶体膜遭受损伤释放出各种溶酶体酶，如 β-葡萄糖醛酸酶、β-半乳糖酶、组织蛋白酶等，导致器官组织的变性等退行性病变。

(四) 维生素 K

1. 营养作用

维生素 K 参与血液凝固过程，是合成凝血因子的重要成分，维护骨骼健康中发挥重要作用。

2. 生理功能

(1) 血液凝固　维生素 K 在血液凝固过程中发挥重要作用，促进凝血因子的合成。

(2) 骨骼健康　参与骨骼的矿化，维持骨骼强度和健康。

3. 缺乏症

(1) 出血倾向　缺乏维生素 K 可能导致凝血功能障碍，出现出血倾向。

（2）骨骼问题　可能导致骨骼健康问题，增加骨折风险。

二、脂溶性维生素需要量

奶牛维生素需求量的计算方法同样是按照析因法，分为维持、生长、妊娠和泌乳需要。NASEM（2021）对维生素需求量也采用 EAR、AI 表达方式。EAR：预估满足某一特定生理阶段和性别群体中，一半健康个体每天所需的平均营养物质摄入量；建议在基础需求量的数值上乘以 1.2，这样就可以满足群体中 97%~98% 个体奶牛的需要。AI 由专家小组根据有限的试验数据确定的、满足或超过某一特定群体每天所需的平均营养物质摄入量，定义的每日平均摄入量。AI 在 EAR 无法确定的情况下使用。

（一）维生素 A

维生素 A 的需要量目前尚未确定，给出的是 AI 的建议值，为额外添加量，不考虑日粮中含量。对于干奶牛、后备牛和产量 ≤35 kg/d 的泌乳牛，维生素 A 的每日 AI 如下。

维生素 A　AI（IU/d）= 110IU/kg BW　　　　（式 8-1a）

如果产奶量 >35 kg/d 的泌乳牛，维生素 A 的每日 AI 如下。

维生素 A　AI（IU/d）= 110IU/kg BW+1000IU×（产奶量-35）

（式 8-1b）

（二）维生素 D

维生素 D 的需要量同样使用 AI 表示，为额外添加维生素 D_3 摄入量，不考虑通过阳光照射奶牛自身合成和基础日粮所含的维生素 D。

青年牛和干奶牛：维生素 D AI，IU/d=30×BW，kg

（式 8-2a）

泌乳奶牛：维生素 D AI，IU/d=40×BW，kg　　（式 8-2b）

(三) 维生素 E

维生素 E 的需要量同样使用 AI 表示，为额外添加维生素 E 摄入量，不考虑基础日粮所含的 α-生育酚含量。

干奶牛：维生素 E AI, IU/d=1.6×BW, kg　　　　（式8-3a）

产犊前 3 周的奶牛：维生素 E AI, IU/d=3.0×BW, kg

（式8-3b）

泌乳牛和青年牛：维生素 E AI, IU/d=0.8×BW, kg

（式8-3c）

第二节　奶牛的水溶性维生素营养

水溶性维生素营养主要包括 B 族维生素、维生素 C 和胆碱，作为辅酶或辅酶组成部分，在奶牛营养代谢过程中发挥重要作用，参与多种生理生化反应，包括能量代谢、神经传导和免疫调节等，对于奶牛的生长、繁殖、免疫和健康至关重要。奶牛的瘤胃微生物能够合成大部分的水溶性维生素，包括 B 族维生素中的生物素、叶酸、烟酸、泛酸、维生素 B_6、核黄素、维生素 B_1 和维生素 B_{12}；奶牛机体可以合成内源性维生素 C，满足奶牛机体代谢。奶牛常用饲料中大多数水溶性维生素含量较高，正常健康的奶牛通常不会发生水溶性维生素缺乏症，在高产、应激、长途运输、疾病、分娩等特殊情况下，可能会出现 B 族维生素缺乏，犊牛因瘤胃功能发育不健全，易发生 B 族维生素缺乏症。

一、B 族维生素营养与生理功能

（一）维生素 B_1（硫胺素）

1. 营养与生理功能

硫胺素是多种酶的辅酶，在碳水化合物代谢中起着至关重要

第八章 奶牛的维生素营养与需要量

的作用,是体内产生能量的重要因素;高粗料日粮添加 180 mg/kg(干物质)的硫胺素,可以提高奶牛瘤胃 pH,调节瘤胃微生物菌群结构,改善瘤胃功能,缓解亚急性瘤胃酸中毒,增加纤维分解菌数量,促进纤维分解,提高饲料消化率,提高产奶量和乳品质。

另外,硫胺素参与多种重要的生物化学过程,在神经元信号传导、增强免疫功能发挥特殊的作用;有助于调节氧化应激、减少兴奋毒性和炎症反应。

2. 缺乏症

硫胺素缺乏可能导致中枢神经系统紊乱,脑脊髓灰质软化(PEM)是最常见症状,临床表现为厌食、共济失调、肌肉震颤、角弓反张、食欲减退、消化不良、恶心、呕吐和腹泻等。

(二)维生素 B_2(核黄素)

1. 营养与生理功能

核黄素是奶牛机体代谢不可缺少的维生素,以辅酶或辅助因子的形式参与机体能量代谢和氧化还原反应,参与碳水化合物、脂类、蛋白质以及核酸等代谢过程,可提高奶牛繁殖性能和免疫力。

2. 缺乏症

断奶前犊牛可能发生核黄素缺乏,表现为:口腔黏膜充血、口角发炎、流涎、流泪及厌食、腹泻、生长不良等非特异症状;成年奶牛缺乏症还未见报道。

(三)维生素 B_3(烟酸)

1. 营养与生理功能

烟酸是多种辅酶的前体,在调节能量代谢、维持细胞氧化还原状态、调节免疫功能中发挥重要作用。它是一种强抗脂解剂,在脂质代谢中起重要调节作用,在能量负平衡条件下,可降低非酯化脂肪酸浓度。

烟酸具有抑制脂肪分解和舒张血管的药理学作用,有助于减缓泌乳早期体脂肪的动员和缓解奶牛热应激,提高生产性能和繁殖性能,并可刺激瘤胃微生物的生长,提高原虫、纤毛虫的细菌的数量,维护瘤胃健康功能。

同时,烟酸还具有抗氧化和抗炎作用,参与所有氧化还原反应,在降低氧化应激和代谢性疾病中具有重要作用,可作为细胞保护剂,抑制炎症细胞活化,有免疫调节作用,能降低活性氧自由基、缓解血液白细胞氧化应激。

2. 缺乏症

瘤胃发育不全的犊牛,易发生烟酸缺乏症,表现为:厌食、严重腹泻、共济失调和脱水,甚至死亡;成年奶牛缺乏症未见报道。

(四)维生素 B_5(泛酸)

1. 营养与生理功能

泛酸是辅酶 A(CoA)和酰基载体蛋白(ACP)的重要组成部分,CoA 在三羧循环、脂质代谢和氨基酸分解等细胞内多酶反应过程中起重要作用,负责调控细胞的能量代谢,所有组织都能利用泛酸合成 CoA。泛酸也可刺激抗体合成,提高奶牛对病原体的抗病力。

2. 缺乏症

泛酸缺乏,犊牛机体抵抗力下降;成年奶牛缺乏症未见报道。

(五)维生素 B_6

1. 营养与生理功能

维生素 B_6 是多种酶的辅酶,参与氨基酸代谢中的大部分反应,参与糖原利用、组胺、血红蛋白和鞘脂合成,以及基因表达的调控。

2. 缺乏症

牧草和谷物富含维生素 B_6,反刍动物缺乏症未见报道。

(六) 维生素 B_7 (生物素)

1. 营养与生理功能

生物素是参与机体代谢羧化反应的多种酶的辅因子,参与碳水化合物、脂肪和蛋白质代谢,促进糖原、葡萄糖、脂肪酸和蛋白质的合成;生物素可改善奶牛蹄部健康。

2. 缺乏症

生物素缺乏将导致皮肤受损,细胞增殖减缓,免疫功能受损和胚胎发育畸形。

(七) 维生素 B_9 (叶酸)

1. 营养与生理功能

叶酸对 DNA 的合成、复制和修复至关重要;叶酸可促进纤维分解菌的生长,增加细菌数量和微生物酶活性,改善瘤胃发酵微生物蛋白合成,提高营养物质消化率、改善能量平衡,提高奶牛生产性能和繁殖性能。与维生素 B_{12} 联合使用,效果更加明显。

2. 缺乏症

叶酸缺乏会损害奶牛的生育能力、卵泡发育和早期胚胎发育;并导致 DNA 前体不平衡、尿嘧啶插入错误和染色体断裂;瘤胃发育不健全的犊牛也可能存在叶酸缺乏。

(八) 维生素 B_{12}

1. 营养与生理功能

维生素 B_{12} 是多种酶的辅酶,是甲基丙二酰辅酶 A 异构酶的组成部分，催化甲基丙二酰辅酶 A 异构酶转化为琥珀酰辅酶 A，并进一步转化为琥珀酸进入三羧酸循环。维生素 B_{12} 是机体造血机能处于正常状态的必需因子，能促进红细胞的发育和成熟，促进 DNA 及蛋白质的生物合成效率高于叶酸数万倍，能促进蛋氨酸等生物合成，促进核酸的生物合成，对犊牛的生长具有重要作用。

2. 缺乏症

奶牛瘤胃微生物具有合成维生素 B_{12} 的能力，但需要钴的参与，缺钴诱发维生素 B_{12} 的缺乏，表现为：食欲减退、消瘦和贫血；犊牛因瘤胃发育不全，饲喂不含维生素 B_{12} 的植物饲料时，易发生维生素 B_{12} 的缺乏，表现为：生长停滞和神经疾病及运动失调。

二、胆碱

1. 营养与生理功能

胆碱是细胞膜的组成成分，在信号传导和脂质代谢中发挥重要作用，促进甘油三酯合成磷脂酰胆碱，防止脂肪肝。胆碱可抑制氧化应激和减轻炎症，提高免疫功能。在围产期奶牛日粮补充过瘤胃胆碱，可提高奶牛生产性能，代谢病发病率降低。

2. 缺乏症

奶牛缺乏胆碱易患脂肪肝，表现为动脉粥样硬化、肝功能紊乱，增加难产和胎衣不下的风险，胎儿体重下降，引起肝细胞坏死和脂质代谢紊乱；犊牛缺乏胆碱常表现为肌肉无力，肝脂肪浸润及肾出血。

三、维生素 C（抗坏血酸）

1. 营养与生理功能

维生素 C 是细胞的抗氧化剂，参与多种代谢途径，促进胶

第八章 奶牛的维生素营养与需要量

原蛋白合成的铁的吸收，提高免疫细胞吞噬功能，改善应激状态，刺激干扰素的产生，阻止病毒 mRNA 的翻译，免受病毒攻击，提高机体抵抗力。

2. 缺乏症

反刍动物可能通过体组织细胞合成维生素 C，未见维生素 C 缺乏症报道。

综上所述，水溶性维生素对奶牛的营养作用是多方面的，包括参与代谢、抗氧化、免疫调节、影响繁殖性能、抗应激以及改善健康状况等。这些作用共同维持奶牛的健康和提高生产效率。

尽管奶牛可以通过瘤胃微生物合成 B 族维生素、依赖于肝脏内源性合成维生素 C，来满足生长与生产的需要。但合成的 B 族维生素和维生素 C，难以满足高产奶牛的需要，外源添加 B 族维生素和维生素 C，在改善奶牛健康、提高产奶量、改善乳品质、提高机体免疫功能以及改善繁殖功能等方面具有积极作用。

第九章 奶牛日粮配制技术

奶牛日粮配制是根据奶牛的生理特点和营养需求，选择适合的饲料，科学合理地搭配，并经正确的加工调制，以满足不同生理阶段奶牛营养需要的过程。涵盖了从营养需要估算、饲料营养特性、配方设计与优化再到日粮制作和评价的全过程，涉及动物营养学、饲料科学、饲养管理学等多个学科综合应用，满足营养均衡、地源性好、性价比高、适口性好和安全性高等要求。

第一节 奶牛常用饲料营养特点

奶牛常用饲料根据营养特性，大致分为粗饲料、精饲料、糟渣类及块根块茎类饲料、矿物质饲料、饲料添加剂5类，其中精饲料分为蛋白质饲料和能量饲料，粗饲料分为干草、秸秆和青贮饲料，糟渣类及块根块茎类包括鲜啤酒糟、玉米淀粉渣以及鲜胡萝卜等，矿物质饲料包括食盐、石粉、磷酸氢钙等，饲料添加剂包括营养性添加剂和非营养性添加剂，营养性添加剂：维生素、微量元素和氨基酸等；非营养性添加剂：调味剂和酶制剂等。本节仅介绍奶牛常用的粗饲料和精饲料。

一、粗饲料

粗饲料指容积大、粗纤维成分含量高（粗纤维/干物质≥18%）、可消化养分含量低的饲料。常见的有：青贮类饲料（玉米青贮、苜蓿青贮等）、干草类饲料（苜蓿、黑麦草、燕麦草、麦秸等）。

(一) 苜蓿

紫花苜蓿是营养价值极高的多年生豆科植物，被誉为"牧草之王"，富含蛋白质且氨基酸平衡，纤维质量好，富含胡萝卜素、异黄酮类等促生长因子，可消化总养分高达70%，是奶牛养殖首选优质牧草。

1. 苜蓿的营养价值

苜蓿的营养价值与成熟度呈负相关，叶片的营养价值高、消化率高，茎的营养价值较低、消化率也低，随成熟度增加，叶片含量、蛋白、能量、维生素和矿物质含量均明显减少，茎秆比例、纤维素和木质化程度会随之增加。苜蓿在现蕾及初花期，叶片和茎秆在干物质基础上的占比分别约为50%，叶片的蛋白含量约30%，相对质量（RFQ）在500~550；然而，茎秆的蛋白含量6%~8%，RFQ在70~80，在开花后期，叶片可能会因疾病而脱落。但是，叶片损失最大的情况往往发生在收获期间，这种情况同时降低了苜蓿产量和质量。盛花期以后，营养成分急剧下降，蛋白质含量以每日0.5%的速度下降，而NDF和ADF浓度急速增加，NDF的消化率也急速下降，不同生长期苜蓿的营养成分见表9-1。故建议适宜的收割期应为现蕾及初花期。

新鲜苜蓿因含有皂素，奶牛直接饲喂，瘤胃中会产生大量泡沫，导致腹胀，且不能储藏和远距离运输，故一般有制成干草和半干青贮两种加工调制方式。

表9-1 苜蓿不同生长时期的营养成分变化

成分	开花前（现蕾期）	初花期（10%开花）	开花期（50%开花）	盛花期（80%开花）
粗蛋白（%）	21	19	16	14

(续表)

成分	开花前 (现蕾期)	初花期 (10%开花)	开花期 (50%开花)	盛花期 (80%开花)
ADF（%）	30	33	38	46
NDF（%）	41	42	53	60
消化率（%）	63	62	55	53
TDN（%）	63	59	55	51
维持净能	1.37	1.34	1.21	1.17
增重净能	0.73	0.62	0.55	0.46
产奶净能	1.54	1.41	1.25	1.15

引自德国爱德康。

2. 苜蓿干草制作

苜蓿干草的制作主要包括以下几个步骤。

（1）适期刈割　苜蓿在孕蕾期或初花期进行收割，即开花率在10%以下时，此时粗蛋白含量可达18%以上。

（2）留茬高度　刈割时留茬高度控制在5 cm，最后一茬留茬高度为7 cm，以利于苜蓿过冬。

（3）干燥方法　收割时使用割草压扁机将茎秆压裂，加快茎秆中水分蒸发的速度，使茎秆与叶片的干燥速度同步。

（4）晾晒与打捆　在清晨有露水时翻晒，用尽可能短的时间使水分下降至40%~50%，加速植物细胞死亡，减少能量消耗和蛋白质分解。

及时监控晾晒干湿度适时打捆，打捆水分在20%~23%为宜。

（5）草捆的贮藏与运输　草捆打好后，应尽快将其运输至仓库中或在贮草坪上码垛贮存，草捆之间要留有通风间隙，以便草捆能迅速散发水分。

底层草捆不能与地面直接接触，应垫上木板或水泥板。

（6）二次压缩打捆　草捆在仓库里或贮草坪上贮存20~30 d后，当其含水量降至12%~14%时即可进行二次压缩打捆，两捆压缩为一捆，其密度可达350 kg/m³左右。

苜蓿干草的质量受加工工艺的影响极大，晾晒过程受制于天气和翻晒操作，易导致叶片损失较大，损失率高达30%，储存不当还会引起发霉变质，故在收割时，应关注花期，同时还应关注天气变化，翻晒应在早晚露水回潮后操作，中午还得翻晒。

3. 裹包苜蓿青贮制作

针对苜蓿干草制作存在的问题，制作半干苜蓿青贮是减少叶片损失的有效方法。

制作原理：裹包苜蓿青贮是将收割并晾晒半干的苜蓿经机械切短后，喷洒适合苜蓿发酵的微生物制剂，经高密度压实、打捆、缠网，然后通过包膜机用青贮专用膜密封包裹起来，形成厌氧环境，利用乳酸菌发酵产生乳酸，当青贮饲料内的pH值<4.5时，饲料中各种微生物就会受到抑制和杀灭，避免腐败，从而达到长期保存的目的。

裹包苜蓿青贮制作的详细步骤和要点如下。

（1）苜蓿收割　苜蓿最好在现蕾期至初花期进行刈割，即约80%的枝条现花蕾时、约20%开小花时为现蕾-初花期，此期营养价值较高，粗蛋白含量为18%~22%。最好选择具有压扁功能的收割机，在收割的同时将茎秆压扁，使叶片和茎秆同步干燥，并有利于压实；留茬最佳高度控制在6.5~8 cm，留茬太低使苜蓿根部新萌发的嫩芽损伤，影响再生，且易将泥土带入收割的苜蓿，影响发酵。

（2）晾晒萎蔫　刈割并经压扁的苜蓿需要在田间晾晒6 h左右，以控制水分至60%~65%。这一步骤确保苜蓿在切碎和打捆前达到适当的湿度，以便于后续处理。

（3）切碎与打捆　将晾晒后的苜蓿切碎至 1.6~1.9 cm 长，按比例添加适量青贮添加剂及发酵辅料，适度搅拌混合后，使用圆捆机进行打捆，密度不低于 600 kg/m³。打捆时须使用捆缚网（绳）固定，以防止草捆松散。

（4）裹包作业　使用拉伸膜对打捆后的苜蓿进行裹包，层数一般为 4~8 层，且每层须重叠 50% 以上，以确保良好的密封性。裹包膜应具有高伸缩性、抗穿刺强度和良好的气密性。

（5）贮藏管理　裹包后的苜蓿青贮饲料须集中堆垛存放，建议采用露天竖式两层堆放的方式，并采取防晒和防雨措施。定期检查裹包的完好度与密封度，防止薄膜破损、漏气及雨水进入。

（6）发酵与使用　裹包苜蓿青贮经过 6~8 周的发酵后即可使用。在使用前，须对青贮饲料的营养、发酵品质及霉菌毒素进行检测，以确保其安全性和营养价值。

裹包苜蓿青贮技术具有操作灵活、受天气影响小、能有效保存营养成分等优点，尤其适用于雨季或气候多变地区的苜蓿生产。此外，该技术还能够减少田间损失和青贮流液损失，提高饲草的供应稳定性。

4. 苜蓿的营养价值评定

通常评价苜蓿的常用指标包括干物质、粗蛋白、NDF、ADF 和相对饲料价值（RFV）RFQ 等，前 4 个指标是通过化验得出，而 RFV 和 RFQ 则是通过计算得到的。

判断苜蓿营养价值关键是 RFV 和 RFQ，计算公式如下。

RFV =（DMI×DDM）/1.29　　　　　　　　　　（式 9-1）

DMI（%BW）= 120/NDF（%DM）　　　　　　　（式 9-2）

DDM（%DM）= 88.9-（0.779×%ADF）（%DM）

（式 9-3）

RFV 值越高，说明苜蓿的纤维素和半纤维素含量较低，品质较优。

$$RFQ = (TDN \times DMI)/1.23 \qquad (式9-4)$$
$$DMI = 120/NDF + (NDFD-45) \times 0.374/1350 \times 100 \qquad (式9-5)$$
$$TDN = (NFC \times 0.98) + (CP \times 0.93) + (FA \times 0.97 \times 2.25) + (NDFn \times (NDFD/100)) - 7 \qquad (式9-6)$$

RFQ 则是基于 TDN 和 DMI 计算的，用于进一步评估苜蓿的饲用价值。

5. 苜蓿干草的质量分级

根据中国畜牧业协会发布的《苜蓿干草质量分级》团体标准（T/CAAA 001—2018），苜蓿干草的质量等级主要根据其感官要求和理化指标进行划分。以下是具体的等级划分标准。

(1) 感官要求　颜色：表面应为绿色或浅绿色，因日晒、雨淋或贮藏等原因导致干草表面发黄或失绿的，其内部应仍为绿色或浅绿色。

气味：无异味或有干草芳香味。

质地：无霉变，茎叶保存比较完整。

(2) 理化指标　苜蓿干草的质量等级根据粗蛋白质、中性洗涤纤维、酸性洗涤纤维、相对饲用价值、杂类草含量、粗灰分和水分等指标进行划分。质量分级见表9-2。

表9-2　苜蓿干草质量分级

等级	粗蛋白质（%）	中性洗涤纤维（%）	酸性洗涤纤维（%）	相对饲用价值
特级	≥22.0	≤34.0	≤27.0	≥185.0
优级	20.0~22.0	34.0~36.0	27.0~29.0	170.0~185.0
一级	18.0~20.0	36.0~40.0	29.0~32.0	150.0~170.0
二级	16.0~18.0	40.0~44.0	32.0~35.0	130.0~150.0
三级	≤16.0	≥44.0	≥35.0	≤130.0

注：粗蛋白质、中性洗涤纤维、酸性洗涤纤维含量均为干物质基础。

RFV 根据 DMI 和干物质消化率（DDM）计算得出。

水分含量一般要求不超过 12%。

粗灰分含量一般要求不超过 12%。

（二）全株玉米青贮

全株玉米青贮作为奶牛的"当家口粮"，是牧场唯一可控的本地化优质粗饲料，也是性价比最高的饲料原料。制作优质全株玉米青贮不仅要关注青贮玉米的品种、适时收割，还要关注收贮全过程的细节管控，减少对青贮品质的影响，更好地发挥优质青贮在提质、降本和增效等方面的重要作用。

1. 制作玉米青贮的目的和意义

（1）可以减少饲料养分损失，在缺乏饲草的冬季提供优质的饲料。

（2）带棒青贮可减少谷物类精饲料的饲喂量，降低饲养成本和饲料成本。

（3）能保证饲料的均衡、稳定供应，增加奶牛采食量，维持产奶量和乳成分的相对稳定。

2. 全株玉米青贮的营养特点

全株玉米青贮对奶牛而言是不可缺少且不可替代，其质量必须良好。

（1）玉米青贮料营养丰富、气味芳香、消化率较高。

①一般青绿饲料在成熟和晒干之后，营养价值降低 30%~50%，但在青贮过程中，养分损失仅 3%~10%。

②饲喂全株玉米青贮料每头牛每年可增产鲜奶 500 kg 以上，还可节省约 20% 的精饲料。

（2）制作、储存方便，占地面积小，四季均衡供应。

①青贮饲料贮存方便占用空间小。

②在贮存过程中，青贮饲料不受风吹、日晒、雨淋的影响，

会长时间保存不变质（保存期达3~4年），也不会发生火灾等事故，而干草即使在库房内堆放，也会受鼠虫或霉变的危害。

（3）唯一可控粗饲料，使用TMR日粮时，有利于与其他粗饲料和精料配合使用。

在使用TMR日粮时，因其不但有合适的水分和丰富的营养价值，而且对提高奶牛日粮内其他饲料的消化率也有良好作用，所以有利于与其他饲料配合使用。如果没有优质青贮，再好的营养师也很难通过调整配方来满足奶牛的营养需要，而且成本会偏高。

3. 优质全株玉米青贮的质量标准

优质全株玉米青贮的质量标准涉及多个方面，包括感官评价、营养成分、发酵品质和卫生指标等。

（1）感官评价

颜色：应接近原料本色或呈黄绿色，无黑褐色和霉斑。

气味：应有轻微的醇香酸味，无刺激性或腐臭异味。

质地：茎叶结构清晰，质地疏松，不黏稠，不结块，无干硬现象。

籽粒破碎：籽实破碎率应达到90%以上，且破碎3瓣以上，以确保良好的消化率。

切割工艺及长度：应具揉丝功能，切割长度为2~3 cm，切割整齐无拉丝。

宾州筛各层占比：上层10%~25%，中层60%~70%，底层10%~30%。

（2）营养成分

乳酸是玉米青贮最理想的VFA，浓度高达10%DM是可以接受的，有助于饲料的长期储存，是肝脏代谢和合成葡萄糖的前体；乙酸具刺鼻气味，浓度不宜太高，否则会影响干物质采食量，而低乙酸水平能够增加奶牛在群寿命；丁酸是青贮饲料中最不理想的 VFA，具有刺激性及难闻的气味，影响干物质采食量和奶产量，大量饲喂会诱发酮病和其他健康问题。

表 9-3　玉米青贮营养指标与分级

项目	等级				
	特优级	优级	标准级	常规级	普通级
干物质（%）	32~38	≥32	≥30	≥28	≥28
淀粉（%）	≥35	≥32	≥30	≥28	≥25
7 h 淀粉消化率（%）		≥80		60~80	
酸性洗涤纤维（ADF%）	<25	25~27	27~30	30~32	32~35
中性洗涤纤维（NDF%）	≤40	40~45	45~50	50~55	≥55
NDF 30 h 消化率（%NDF）	≥60	55~60	50~55	45~50	<45

注：中性洗涤纤维、酸性洗涤纤维、淀粉以占干物质的量表示；按单项指标最低值所在等级定级。

表 9-4　玉米青贮发酵指标及卫生标准

项目	等级				
	特优级	优级	标准级	常规级	普通级
pH 值			3.3~4.2		
氨态氮（CP%）	<5	5~8	8~10	10~12	12~15
乳酸（%）		≥8.0		5.0~8.0	
乙酸（%）			2.0~3.0		
丁酸（%）			<0.02		
黄曲霉毒素 B_1（μg/kg）	<2		2~5	5~10	
呕吐毒素（μg/kg）	<300		300~700	700~1 000	
玉米赤霉烯酮（μg/kg）	<100		100~200	200~300	

注：乳酸、乙酸、丁酸及霉菌毒素均以占干物质的量表示。

综合质量判定以达到感观指标为基础，同时根据营养指标、发酵指标及卫生标准进行综合评判，以指标所在的最低等级为综合质量等级。

（三）燕麦草

燕麦草是奶牛常用优质牧草，富含水溶性碳水化合物、糖分和淀粉，是很好的能量来源，具有"甜干草"的美誉，具有适口性好、饲料消化率高等优点，燕麦草纤维能有效刺激瘤胃功能，改善瘤胃健康，增加干物质摄入量，是奶牛较好的粗饲料来源，具有以下营养特性。

营养特点

燕麦草根据粗蛋白质和水溶性碳水化合物的含量，分为A型和B型两种，主要区别如下。

（1）粗蛋白质含量 A型燕麦干草的特点是含有8%以上的粗蛋白质（干物质基础），部分可达到14%以上。

B型燕麦干草的特点是含有15%以上的WSC，而其粗蛋白质含量相对较低。

（2）WSC含量 A型燕麦干草的水溶性碳水化合物含量相对较低。

B型燕麦干草含有15%以上的水溶性碳水化合物，部分可达到30%以上。

（3）NDF和ADF含量 B型燕麦干草的NDF和ADF含量相对较低，这可能与其高WSC含量有关，因为WSC含量高的饲料通常NDF和ADF含量较低，更易消化。

（4）TDN、RFV和RFQ 有研究表明，B型燕麦干草具有最高的TDN、RFV和RFQ，而A型燕麦干草的乳脂校正产量（MT）最高。

（5）饲用价值 A型和B型燕麦草在营养成分上的差异主要体现在蛋白质和碳水化合物的含量上，燕麦草的使用，应根据奶牛的不同生理阶段来选择合适的类型。

A 型燕麦干草因蛋白质含量高，适用于需要高蛋白质饲料的断奶犊牛、育成牛、青年牛和泌乳牛等。

B 型燕麦干草因 WSC 含量高，有助于解决奶牛能量负平衡的问题，适用于干奶牛和围产前期奶牛。

A 型及 B 型燕麦草质量分级见表 9-5 和表 9-6。

表 9-5　A 型燕麦草质量分级　　　　　　　　　　　单位：%

化学指标	等级			
	特级	一级	二级	三级
中性洗涤纤维 NDF	<55.0	≥55.0，<59.0	≥59.0，<62.0	≥62.0，<65.0
酸性洗涤纤维 ADF	<33.0	≥33.0，<36.0	≥36.0，<38.0	≥38.0，<40.0
粗蛋白质 CP	≥14.0	≥12.0，<14.0	≥10.0，<12.0	≥8.0，<10.0
水分	≤14.0			

注：中性洗涤纤维、酸性洗涤纤维、粗蛋白质含量均为干物质基础。

表 9-6　B 型燕麦草质量分级　　　　　　　　　　　单位：%

化学指标	等级			
	特级	一级	二级	三级
中性洗涤纤维 NDF	<50.0	≥50，<54.0	≥54.0，<57.0	≥57.0，<60.0
酸性洗涤纤维 ADF	<30.0	≥30.0，<33.0	≥33.0，<35.0	≥35.0，<37.0
水溶性碳水化合物 WSC	≥30.0	≥25.0，<30.0	≥20.0，<25.0	≥15.0，<20.0
水分	≤14.0			

注：中性洗涤纤维、酸性洗涤纤维、水溶性碳水化合物均为干物质基础。

燕麦草的瘤胃降解率较高，72 h 降解率达 68.13%，显著高于其他粗饲料，有效降解率最高，达 55.76%，说明燕麦干草的饲用价值较高。

综上所述，燕麦草因其高蛋白质、高能量、易消化、适口性好、高 WSC、高消化率纤维、质地柔软等营养特性，成为奶牛的优质粗饲料选择。

(四) 小麦秸

小麦秸是成熟小麦收获籽实后剩余的茎叶（穗）经自然或人工干燥，粉碎后获得的副产品，是本地较廉价且实用性很强的粗饲料来源，其粗纤维含量较高，约占干物质的31%~49%，木质素、半纤维素和硅酸盐的含量也相对较高，适口性差、营养价值低，在一定程度上限制了奶牛的干物质采食量。

1. 小麦秸的营养价值

(1) 饲用价值较低　小麦秸的不可利用纤维和不可利用蛋白质含量较高，导致其营养价值较低。

(2) 瘤胃降解特性　小麦秸的瘤胃有效降解率相对较低，这表明其在反刍动物瘤胃中的降解能力不强。

(3) 纤维素、半纤维素和木质素含量　小麦秸的主要成分包括纤维素、半纤维素和木质素，这些成分紧密结合在一起，影响了秸秆的消化率。

质量标准见表9-7、霉菌毒素控制标准见表9-8。

表9-7　小麦秸评价标准

指标	感官指标		理化指标	
	优质	劣质	指标	优质
色泽	色泽鲜亮稍微发白或者淡金黄色	色泽发暗呈褐色或者深褐色	水分	<10%
气味	有麦秸草固有芳香味、无异味	霉味或异味	NDF	69%~78%
质地	干净、无霉变、无尘土、无杂质	尘土大、杂质多	ADF	43%~52%
			灰分	<8.5%

表9-8 小麦秸秆霉菌毒素控制标准

毒素名称	安全指标建议值（μg/kg）
黄曲霉毒素 B_1	≤3
玉米赤霉烯酮	≤200
呕吐毒素	≤500
T-2 毒素	≤250
伏马毒素（B_1+B_2）	≤3 000

2. 小麦秸收储管理

（1）留茬高度　留茬高度建议大于 15 cm。

（2）水分控制　刚收割的小麦秸水分含量高，直接打捆易导致霉变；建议收割时直接将小麦秸收拢，晾晒 2~3 d，水分低于 10% 时打捆。

（3）捡拾打捆　水分低于 10% 时开始捡拾并打方捆，方便运输和贮存。

（4）水分监测　采用水分检测仪进行监测，水分<10% 置于库房堆放，水分≥10% 置于库房外侧通风处并优先使用，避免因储存取用受限导致发霉。

（5）关注天气变化　小麦秸收储期间及时关注天气预报、规划采购时间、避免淋雨导致麦秸受潮发霉。

（6）储存管理　储存场所须严格遵守安全、通风、防火、防潮、防雨和防倒塌等。

3. 提高小麦秸饲用价值的方法

为了提高小麦秸秆的营养价值，研究者们探索了多种方法。例如，使用真菌处理可以显著降低秸秆中的纤维素、ADF 和 NDF 含量，并增加粗蛋白含量和可消化性。具体来说，通过接种牡蛎蘑菇等真菌，可以有效降低纤维素含量，并提高秸秆的粗蛋白含量和可消化性。

此外，一些研究还发现，通过 CSI 工艺处理可以显著提高小麦秸秆的可消化性，使奶牛等反刍动物的消化能力得到显著提升。这种处理方法通过打开紧密聚集的多糖结构，使秸秆更容易被反刍动物肠道中的消化酶吸收。

国家奶牛产业技术体系研究表明，将麦秸制成草粉颗粒能有效减缓其对奶牛 DMI 的限制，并添加糖蜜改善日粮适口性，颠覆性地将秸秆草粉颗粒应用于泌乳奶牛日粮，日喂量 0.5 kg/头，可替代 1.75 kg 进口苜蓿，千克奶成本下降 11%；创建了优质牧草本地化生产技术，降低优质粗饲料成本 50%。研究表明，用麦秸草粉颗粒来替代不同比例苜蓿干草是可行的，通过对泌乳性能和经济效益综合评估发现麦秸草粉颗粒替代 50% 苜蓿干草为最佳选择。

尽管小麦秸秆在反刍动物饲料中的应用存在一些限制，如纤维含量高、蛋白质含量低等问题，但通过适当的处理和补充措施，可以显著提高其营养价值和适口性，从而更好地满足反刍动物的营养需求。

（五）甜菜颗粒粕

甜菜颗粒粕是甜菜制糖后的副产物，它富含可消化纤维，以及促进奶牛瘤胃发酵和健康的甜菜碱、果胶和烟酸等活性成分，是奶牛优质短纤饲料。

1. 营养价值

甜菜颗粒粕的营养丰富，粗蛋白含量约为 10.3%，为奶牛提供了必要的氨基酸来源；粗纤维含量高达 20.2%，主要是纤维素和半维生素，是奶牛日粮中重要的纤维来源，有助于促进奶牛瘤胃的发酵和消化；果胶含量 19.6%，并富含甜菜碱，与蛋氨酸和胆碱有相似的营养作用。

2. 饲用价值

甜菜颗粒粕消化率高达 83%，可以显著提高饲料的利用率，减少饲料浪费。甜菜颗粒粕可以促进奶牛瘤胃纤维分解菌的繁殖及生长的功能，对奶牛瘤胃微生物有特殊营养作用，通过改善奶牛的体质和健康状况，甜菜颗粒粕有助于奶牛保持较高的生产性能，从而延长其使用寿命和繁殖周期。

3. 甜菜颗粒粕的质量等级

根据最新的行业标准 QB/T 2469—2024《甜菜颗粒粕》，甜菜颗粒粕的质量等级和相关要求如下。

（1）质量等级　甜菜颗粒粕分为优级和一级两个等级。

（2）外观和感官要求　颜色：产品具有甜菜颗粒粕固有的颜色，无焦糊状。

气味：无霉味及其他异味。

夹杂物：无金属及其他异物。

外观：产品直径 6~10 mm、长 15~35 mm，表面光滑的圆柱形颗粒不少于80%（按质量计）。

（3）理化要求　见表9-9。

表9-9　甜菜颗粒粕理化指标

项目	指标	项目	指标
总糖分（%）	≤8.0	粗灰分（%）	≤6.0
干燥失重（%）	≤14.0	浸水膨胀时间（min）	≤60

（4）卫生要求　见表9-10。

表9-10　甜菜颗粒粕卫生指标　　　　单位：mg/kg

项目	优级	一级
总砷	≤1.0	≤2.0
铅	≤3.0	≤10.0
镉	≤0.5	≤1.0

第九章 奶牛日粮配制技术

(续表)

项目	优级	一级
汞	≤0.1	—
铬	≤5.0	—

(5) 其他要求 净含量：应符合《定量包装商品计量监督管理办法》的相关规定。

包装、运输和储存：应符合国家相关标准，确保产品质量和安全。

以上标准适用于以甜菜为原料生产的颗粒粕的生产、检验和销售。

（六）棉籽壳

棉籽壳是棉籽在榨油前经过脱绒和剥壳处理后剩余的部分，其重量占全棉籽总重的 40%~50%，粗蛋白含量为 4%~6%，粗纤维含量较高，约为 48%，外层短绒具有很高的消化率，能够为奶牛提供良好的可消化中性洗涤纤维（dNDF），是重要的纤维来源，可以改善粗饲料的适口性并增加采食量。

棉籽壳的粗蛋白质含量为 4.59%~6.23%，粗脂肪含量为 1.01%~3.46%，中性洗涤纤维含量为 79.40%~83.39%，酸性洗涤纤维含量为 61.67%~65.77%，灰分含量为 4.56%~8.83%，可以作为奶牛的粗饲料使用。然而，由于其高纤维和低能量的特点，且含有一定量游离棉酚，不建议大量饲喂。

二、精饲料

精饲料是指容积小、粗纤维成分含量低（粗纤维/干物质<18%），可消化养分含量高的饲料。包括：能量饲料和蛋白质饲料。

(一) 能量饲料

能量饲料是指干物质中粗纤维含量低于18%，粗蛋白质含量低于20%的饲料。常见的能量饲料：谷实类（如：玉米、麦类等）、糠麸类（如：小麦麸等）。

1. 玉米

玉米被誉为"能量饲料之王"的美称，适口性好，消化率高，有机物消化率为90%。

（1）营养价值　玉米的产奶净能1.96 Mcal/kg DM，是谷物饲料中有效能值最高的，主要成分是淀粉，占比64%~78%，蛋白质7.2%~8.9%，且蛋白品质较差，氨基酸不平衡，缺乏赖氨酸和色氨酸，钙低磷高，比例严重倒挂，在日粮配制时，需要考虑氨基酸和钙磷平衡。

（2）饲用价值　玉米是奶牛日粮的主要能量来源，其营养价值和消化率可以通过不同的加工方式得到提升。研究表明，适度粉碎的玉米可明显提高奶牛产奶量，18~24目0.8~1 mm，奶量和增重最佳，但也不能粉得太碎，易导致酸中毒增加。

压片玉米是经过蒸汽压片工艺加工的玉米，比粉碎玉米具有更高的淀粉消化利用率，蒸汽压片玉米通过破坏玉米细胞壁，提高了玉米糊化度，使淀粉具有可溶性，增加了糊化淀粉颗粒与酶的接触面积，提高了玉米的淀粉消化率和蛋白质及其他营养物质的消化率，从而改善奶牛的生产性能和健康状况。研究表明，蒸汽压片玉米能够显著提高奶牛的产奶量，每头奶牛每天可以增加产奶量10%左右。此外，蒸汽压片玉米还能够降低氮磷排放，对环境保护也有积极影响，从而具有显著的经济效益和社会效益。

饲喂蒸汽压片玉米能够提高奶牛的反刍时间和咀嚼时间，使奶牛瘤胃的微生物发酵环境更易于保持平衡，日粮营养成分的消化利用率整体得到提高,这都得益于蒸汽压片玉米的薄片状态。有研究发现,蒸汽压片玉米的厚度越薄,瘤胃消化利用率越高,2 mm厚度的蒸汽压片玉米瘤胃消化率显著高于3 mm,但更薄的厚度对于部分品种的玉米较难加工成型;相同厚度的压片玉米含粉率越高,瘤胃消化率越高,因此当发现蒸汽压片玉米的含粉率较高时,应考虑降低蒸汽压片玉米的使用量,以免影响瘤胃对饲料的整体消化利用率。试验证明,经蒸汽压片技术调制的玉米,其消化道淀粉利用率可达99%,而普通加工技术的玉米消化率仅达70%左右。

(3) 饲料用玉米质量分级 根据GB/T 17890—2008《饲料用玉米》国家标准,饲料用玉米的质量等级划分标准如下。

①饲料玉米质量等级划分见表9-11。

表9-11 饲料用玉米质量等级

等级	容重(g/L)	杂质(%)	不完善粒(%)	水分(%)
一级	≥720	≤1.0	≤4.0	≤14.0
二级	685~719	≤1.5	≤6.0	≤14.5
三级	650~684	≤2.0	≤8.0	≤14.5
四级	620~649	≤2.5	≤10.0	≤14.5
五级	590~619	≤3.0	≤12.0	≤14.5

②其他质量要求。感官要求:玉米籽粒应整齐、均匀,色泽呈黄色或白色,无霉变、结块及异味异嗅。

粗蛋白质:所有等级的饲料用玉米,粗蛋白质含量(干基)均应≥8%。

卫生指标:应符合国家相关标准要求。

气味:具有玉米固有的气味,无霉味、酸味或其他异味。

脂肪酸值:一级饲料用玉米的脂肪酸值要求为≤60 mg/

100 g。

③检验与包装。检验方法：按照国家标准规定的检验方法进行容重、杂质、水分等项目的检测。

包装、运输和储存：应符合国家相关标准，确保产品质量和安全。

以上标准适用于饲料用玉米的生产、贸易、储存和运输环节，旨在规范市场，确保产品质量和安全性。

2. 小麦

（1）营养价值　小麦籽实是能量和蛋白质的良好来源，能量低于玉米，NE_L 1.78 Mcal/kg DM；蛋白质 11.9%，高于玉米，蛋白质品质仍然欠佳，缺乏赖氨酸和苏氨酸；钙磷比例不当，钙少磷多。小麦在瘤胃中降解速度快，易导致瘤胃 pH 值下降过快，增加酸中毒的风险。

（2）饲用价值　小麦含有一定的阿拉伯木聚糖、β 葡聚糖等抗营养因子，影响饲料利用率，建议部分替代玉米，不能完全替代，以避免对瘤胃健康产生负面影响。小麦籽实的消化率受加工方式影响，压扁小麦的消化率高于整粒小麦。

在奶牛日粮中适当增加小麦的比例可以促进乳酸菌群（ECM）的生长和繁殖，提高乳酸菌群产量，但须注意乳脂肪率的下降。

（3）小麦的质量等级　NY/T 117—2021《饲料原料 小麦》规定了饲料原料小麦的质量要求、检验方法、包装、标识、储存和运输等方面的内容。

①适用范围。该标准适用于饲料原料小麦的质量控制，包括用于生产饲料的小麦原料。

②质量要求。外观：籽粒整齐，色泽新鲜一致，无发酵、霉变、结块及异味异嗅。

杂质：不得掺入饲料用小麦以外的物质。若加入抗氧化剂、防霉剂等添加剂时，应做相应的说明。

水分：冬小麦水分不得超过 12.5%。

春小麦水分不得超过 13.5%。

质量分级：见表 9-12。

表 9-12　小麦质量分级　　　　　　单位：%

分级	粗蛋白质	粗纤维	粗灰分
一级	≥14.0	≤2.0	≤2.0
二级	≥12.0	≤3.0	≤2.0
三级	≥10.0	≤3.5	≤3.0

各项质量指标含量均以 87% 干物质为基础计算。

3 项质量指标必须全部符合相应等级的规定。

卫生指标：须符合 GB 13078 饲料卫生标准的要求，包括但不限于以下内容。

重金属含量：如铅、镉、汞、砷等的含量不得超过规定的限量。

霉菌毒素：如黄曲霉毒素、呕吐毒素等的含量不得超过规定的限量。

农药残留：不得含有国家禁止使用的农药残留。

其他有害物质：如沙门氏菌等致病菌的检测。

③检验方法。水分测定：采用标准方法，如烘干法或近红外光谱法。

粗蛋白质测定：采用凯氏定氮法或其他等效方法。

粗纤维测定：采用酸碱洗涤法或其他等效方法。

粗灰分测定：采用高温炉灼烧法。

卫生指标检测：按照 GB 13078 规定的检测方法进行。

④包装、标识、储存和运输。包装：应使用清洁、干燥、无

毒、无异味的包装材料，包装应牢固、密封，防止饲料受潮、污染。

标识：包装上应标明产品名称、质量等级、生产日期、保质期、生产企业名称及地址、执行标准等信息。

储存：应储存在通风、干燥、清洁、无污染的仓库内，避免受潮、霉变和虫害。

运输：运输过程中应避免日晒、雨淋，防止污染和损坏。

⑤判定规则。检验结果应符合本标准规定的质量要求。

若检验结果不符合标准要求，可进行复检，以复检结果为准。

⑥注意事项。本标准适用于饲料原料小麦的质量控制，不适用于食品用途的小麦。使用本标准的各方应严格遵守国家相关法律法规和标准要求。

⑦参考文献。

GB 13078　饲料卫生标准

GB/T 6432　饲料中粗蛋白测定方法

GB/T 6434　饲料中粗纤维的含量测定

GB/T 6438　饲料中粗灰分的测定

该标准为饲料行业提供了明确的质量控制依据，确保饲料原料小麦的质量和安全性，保障动物健康和养殖效益。

3. 小麦麸皮和次粉

小麦麸皮和次粉都是小麦加工成面粉后的副产品，小麦麸皮主要由小麦种皮、糊粉层和少量的胚和胚乳组成；次粉由糊粉层、胚乳和少量细麸组成；其营养价值与加工工艺和出粉率有关。

（1）营养价值　粗蛋白质和氨基酸：小麦麸皮和次粉含有丰富的粗蛋白质和氨基酸，特别是赖氨酸含量高，高于玉米和小麦，是奶牛的限制性氨基酸。次粉的能量值高，可以替代部分谷物原料，为奶牛提供充足的能量。

维生素和矿物质：小麦麸皮和次粉中B族维生素和维生素E含量较高，同时含有铁、锰、锌等微量元素，对奶牛的生长和发育有很好的促进作用。

粗纤维：小麦麸皮中粗纤维含量较高，对奶牛的消化健康有益。次粉中的粗纤维含量适中，既不会过高影响能量价值，也不会过低导致奶牛消化不良。

（2）饲用价值　小麦麸皮结构松散、吸水性强，粗纤维含量高，可刺激胃肠道蠕动，具有轻泻作用，也可以用来调节日粮的养分浓度。

（3）饲料原料小麦麸质量分级　饲料原料小麦麸皮的质量标准主要依据NY/T 119—2021《饲料原料　小麦麸》分级判定。

①适用范围。本标准适用于以各种小麦为原料，通过常规制粉工艺所得副产物中的饲料用小麦麸。

②质量要求。外观与性状：细碎屑状，色泽气味正常，无霉变、无结块；不得掺有小麦麸以外的物质，若加入抗氧化剂、防霉剂等添加剂时，应做相应说明。

理化指标：应符合表9-13的要求。

表9-13　小麦麸皮质量等级　　　　　单位：%

项目	一级	二级
粗蛋白	≥17.0	≥15.0
水分	≤13.0	≤13.0
粗纤维	≤12.0	≤12.0
粗灰分	≤6.0	≤6.0

注：除水分外，其他指标均以88%干物质为计算基础。

卫生指标：须符合GB 13078《饲料卫生标准》的要求。

③检验方法。水分测定：采用GB/T 6435标准方法。

粗蛋白质测定：采用 GB/T 6432 标准方法。

粗纤维测定：采用 GB/T 6434 标准方法。

粗灰分测定：采用 GB/T 6438 标准方法。

④包装、标签、运输和储存。包装：应使用清洁、干燥、无毒、无异味的包装材料，包装应牢固、密封。

标签：应标明产品名称、质量等级、生产日期、保质期、生产企业名称及地址、执行标准等信息。

运输：运输过程中应避免日晒、雨淋，防止污染和损坏。

储存：应储存在通风、干燥、清洁、无污染的仓库内，避免受潮、霉变和虫害。

⑤采样与检验规则。采样：按照 GB/T 14699.1 标准进行。

检验规则：检验结果应符合本标准规定的质量要求，若检验结果不符合标准要求，可进行复检，以复检结果为准。

该标准为饲料行业提供了明确的质量控制依据，确保饲料原料小麦麸皮的质量和安全性，保障动物健康和养殖效益。

（4）饲料原料　小麦次粉质量分级　饲料原料小麦次粉的质量标准主要依据 NY/T 211—2023《饲料原料　小麦次粉》。

①适用范围。本标准适用于饲料原料小麦次粉的生产者声明产品符合性，或作为生产者与采购方签署贸易合同的依据，也可作为市场监管或认证机构认证的依据。

②质量要求。外观与性状：小麦次粉为细粉末状，色泽正常，无霉变、无结块、无异味。不得掺有小麦次粉以外的物质，若加入添加剂（如抗氧化剂、防霉剂等），应做相应说明。

理化指标：见表 9-14。

表 9-14　小麦次粉质量标准

项目	指标（%）
水分	≤13.0

第九章 奶牛日粮配制技术

(续表)

项目	指标（%）
粗蛋白质	≥12.0
粗纤维	≤6.0
粗灰分	≤7.0

注：除水分外，其他指标均以88%干物质为计算基础。

卫生指标：须符合GB 13078《饲料卫生标准》的要求。
③检验方法。水分测定：采用GB/T 6435标准方法。
粗蛋白质测定：采用GB/T 6432标准方法。
粗纤维测定：采用GB/T 6434标准方法。
粗灰分测定：采用GB/T 6438标准方法。
④包装、标签、运输和储存。包装：应使用清洁、干燥、无毒、无异味的包装材料，包装应牢固、密封。
标签：应标明产品名称、质量等级、生产日期、保质期、生产企业名称及地址、执行标准等信息。
运输：运输过程中应避免日晒、雨淋，防止污染和损坏。
储存：应储存在通风、干燥、清洁、无污染的仓库内，避免受潮、霉变和虫害。
⑤采样与检验规则。采样：按照GB/T 14699.1标准进行。
检验规则：检验结果应符合本标准规定的质量要求，若检验结果不符合标准要求，可进行复检，以复检结果为准。
⑥其他说明。小麦次粉是小麦制粉工艺的副产品，由糊粉层、胚乳和少量细麸组成，营养成分丰富，是一种良好的能量饲料。
该标准为饲料行业提供了明确的质量控制依据，确保饲料原料小麦次粉的质量和安全性，保障动物健康和养殖效益。

4. 全棉籽

全棉籽富含高脂肪、高蛋白及保护性纤维，能有效提升奶牛的采食量、产奶量、乳脂率，并改善其繁殖性能。

（1）营养价值　全棉籽富含高脂肪（16.9%~24.7%）、高蛋白（22.5%~24.9%）以及一定量的纤维和矿物质。其脂肪主要由不饱和脂肪酸组成，易于消化吸收；蛋白质则含有多种必需氨基酸，尤其是赖氨酸和蛋氨酸的含量较高，满足了奶牛对高质量蛋白质的需求。此外，棉籽壳作为天然的保护层，能够有效防止脂肪和蛋白质的氧化，保证其在瘤胃中的稳定性，从而提高饲料的利用率。全棉籽的纤维主要来源于种子表面的短纤维状物质，称为"毛绒"，是奶牛高效的短纤维来源，有助于促进瘤胃功能和消化健康。全棉籽还能够优化乳脂率，改善乳脂品质，降低饱和脂肪酸含量，并提高多不饱和脂肪酸和单不饱和脂肪酸的含量。全棉籽具有过瘤胃的特性，这意味着它可以在瘤胃中不被降解，直接进入小肠提供营养。

（2）饲用价值　全棉籽中含有的游离棉酚等有害物质限制了其在奶牛日粮中的大量使用量。此外，全棉籽的高脂肪含量可能会干扰瘤胃纤维的消化，因此，须严格控制饲喂量，一般建议每头奶牛每天饲喂 1~2 kg，最多不超过 2.5 kg。全棉籽的饲喂可以加快泌乳盛期奶牛体质的恢复，提高自然发情率，提高受胎率，缩短胎次间隔。

5. 糖蜜

糖蜜是甜菜、甘蔗等农作物在工业制糖过程中的主要副产物，呈棕褐色、黏稠的半流动液体状态，富含可发酵糖，以及少量的粗蛋白、有机酸、维生素、无机盐等营养物质，具有消化吸收快、适口性好等特点，常被作为一种能量饲料应用于奶牛生产中。

(1) 营养价值　甘蔗糖蜜和甜菜糖蜜是奶牛生产中应用最广泛的两种，其组分因制糖原料、加工工艺不同而稍有差异。干物质含量在75%~80%，总糖含量为48%~53%，其中绝大多数为蔗糖。甘蔗糖蜜中蔗糖含量为24%~36%，葡萄糖、果糖、果聚糖、半乳糖、棉籽糖、阿拉伯糖和木糖等其他糖含量为12%~24%；甜菜糖蜜中蔗糖含量更高，其他糖含量仅约2%。甘蔗糖蜜和甜菜糖蜜中粗蛋白含量差异较大，分别占干物质含量的2.2%~9.31%、10.7%~15.6%，其中主要为硝酸盐、酰胺等非蛋白氮，有机来源的粗蛋白（游离氨基酸、含氮碱基）占38%~50%，且多数为谷氨酸和天门氨酸等非必需氨基酸，奶牛可以进行有效利用。糖蜜的维生素含量相对较缺乏，而矿物质含量普遍稳定在8%~9%，且钾盐占比1/3以上。

糖蜜还含多酚类化合物、甜菜碱、异黄酮、低聚糖、皂苷等多种具有抗菌、抗氧化、增强机体免疫功能的生物活性因子。

糖蜜中的多酚类化合物包括酚酸类、黄酮类以及单宁类物质，在机体中可清除自由基，具备抗氧化活性，同时在调节碳水化合物代谢和预防心血管疾病等方面发挥重要作用。

甜菜碱是一种在甜菜中发现的季铵型生物碱，含量约为0.3%。由于甜菜碱易溶于水并且对化学酶系的影响具有很强的抵抗力，因此几乎可以不受破坏地进入甜菜糖蜜中，其在糖蜜中的含量可达5%~8%，占糖蜜总含氮量的50%。甜菜碱在动物体内具有多种功能，它不仅可作为一种有机渗透剂，稳定蛋白质结构以及酶动力，还可充当甲基供体，调节脂质代谢和氨基酸。

异黄酮是一类含多酚结构的次级代谢物，又被称为植物雌激素，是大豆糖蜜中特有的生物活性物质，其在大豆糖蜜中的含量为0.8%~2.5%。大豆异黄酮具有类似雌激素的功能，它可通过影响神经内分泌系统来调控奶牛机体营养、繁殖以及免疫过程，具有促进乳腺发育及泌乳、提高繁殖性能和免疫功能的效果。此外，大豆异黄酮中还因含有酚羟基结构，可将自由基还原成相应的离子或分子，终止自由基的连锁反应，而具备抗氧化能力。另有研究表明，大豆异黄酮能够抑制拓扑异构酶活性，影响真菌与细菌的二十二碳六烯酸（DHA）合成、复制以及蛋白质合成过程，并破坏菌体内部结构，从而达到抑菌效果。

糖蜜中还含有低聚糖、皂苷、多糖、植物甾醇胺等生物活性物质，这些物质也具有抑制肠道致病菌活性、调节肠道菌群平衡、增强机体免疫力等多种生理功能。

（2）饲用价值　糖蜜属于一种多功能的大宗饲料原料，富含的可发酵糖为奶牛提供代谢能，良好的适口性也有助于增加奶牛干物质采食量。使用中等含量的糖蜜还能优化瘤胃发酵，提高瘤胃氮的利用效率，降低瘤胃液中氨氮浓度，增加乳蛋白产量。当糖蜜作为谷物淀粉的部分替代品时，瘤胃丁酸浓度也会增加，从而增强通过瘤胃上皮细胞的血流。这可能使挥发性脂肪酸从上皮细胞更快地转移到血液中，并增加瘤胃的pH值，有效预防瘤胃酸中毒。

作物中WSC含量是影响其青贮发酵质量的重要因素，充足的WSC作为早期的可发酵底物，对乳酸的生产至关重要。若原料中WSC含量小于2%，则青贮失败的概率高达44%。通常当青贮原料WSC含量低于3%时需要额外添加含糖量高的物质。因此，糖蜜被广泛应用于青贮过程中。研究显示，在青贮制作时向紫花苜蓿、稻草、玉米、大麦、木薯叶等原料中添加糖蜜均可促进青贮饲料pH值的迅速下降，抑制丁酸和蛋白水解，有利于乳酸发酵，同时还可以增加微生物蛋白的合成，进而改善青贮饲料的感官和营养品质。特别是在营养价值低、适口性差的玉米秸秆或WSC含量低、缓冲度高的豆类牧草青贮过程中添加效果更佳。尽管添加糖蜜大大增加了青贮饲料在厌氧发酵过程中的乳酸含量，但同时也会提高青贮饲料暴露于空气后的乙酸产量。酵母和

第九章 奶牛日粮配制技术

霉菌等微生物可以将它作为底物加以利用,容易导致青贮饲料发生有氧腐败变质。值得注意的是,由于糖蜜黏稠性较大,为了方便操作通常需要用水稀释后再添加到青贮原料中。这就需要严格控制原料的水分在60%以下。若控制不当极易导致青贮饲料酸败。为了避免发生此现象,建议同时添加沸石、膨润土、蒙脱石等天然黏土,如此还能吸收氨气和吸附霉菌毒素。

使用糖蜜的好处颇多,但其在动物生产中的应用仍存在一定的局限性。首先,就是储存和运输困难。糖蜜储存需要一定的空间,这对小型牧场来说是个挑战。糖蜜对储存罐也有一定的腐蚀性,因此储存罐的选材具有严格要求。糖蜜在夏季储存过程中会有部分糖被氧化,导致总糖含量下降。糖蜜的黏性很大,导致运输管道的网筛容易被堵,需要经常清洁。其次,糖蜜中的钾含量很高,若大量使用不仅会导致腹泻,还会增加肾脏病变的发生率。通常添加在饲料中的糖蜜含量不应超过5%,且需要更加注意阴阳离子平衡。最后,市场上糖蜜质量良莠不齐,掺假现象严重。发酵浓缩废液颜色与糖蜜非常相似,但功能远不及糖蜜,某些贸易商可能会将之掺入糖蜜中。另外,还有贸易商在糖蜜中掺入石灰粉以增加糖蜜的锤度。因糖蜜中糖分的检测误差较大,为加强侦察掺假现象,建议同时检测水分和灰分含量。

(3)饲用糖蜜质量标准 新疆的饲用糖蜜多为甜菜糖蜜,质量标准主要依据NY/T 4123—2022《饲料原料 甜菜糖蜜》。

①适用范围。本标准适用于从甜菜中提糖后获得的液体副产品制得的饲料原料甜菜糖蜜。

②质量要求。外观与性状:棕红色至棕褐色浓稠液体,具有甜菜糖蜜特有的气味,无酒味、无异味、无异物。

理化指标:见表9-15。

表 9-15　饲料原料 甜菜糖蜜质量标准

项目	指标	项目	指标
水分（%）	≤25.0	粗灰分（%）	≤5.0
折射锤度（%）	≥78.0	纯度	≥0.9
总糖（%）	≥70.0	甜菜碱（%）	≥0.5
蔗糖（%）	≥60.0	总氮（%）	≥0.2

卫生指标：须符合 GB 13078《饲料卫生标准》的要求。

③检验方法。水分测定：采用 GB/T 6435—2014 标准方法。

折射锤度测定：采用折射仪法。

总糖、蔗糖测定：采用标准方法。

粗灰分测定：采用 GB/T 6438 标准方法。

甜菜碱测定：采用 GB/T 23710—2009 标准方法。

④包装、标签、运输和储存。包装：应使用清洁、干燥、无毒、无异味的包装材料，包装应牢固、密封。

标签：应标明产品名称、生产日期、保质期、生产企业名称及地址、执行标准等信息。

运输：运输过程中应避免日晒、雨淋，防止污染和损坏。

储存：应储存在通风、干燥、清洁、无污染的仓库内，避免受潮、霉变和虫害。

⑤采样与检验规则。采样：按照相关标准进行采样。

检验规则：检验结果应符合本标准规定的质量要求，若检验结果不符合标准要求，可进行复检，以复检结果为准。

以上是饲料原料甜菜糖蜜的质量标准的主要内容，建议在实际应用中参考 NY/T 4123—2022《饲料原料 甜菜糖蜜》的完整文本以获取更详细的信息。

6. 玉米胚芽粕

玉米胚芽粕是玉米经浸泡、破碎、分离胚芽，经压榨或浸提取油后的副产品，又称玉米脐子粕。

（1）营养特性　玉米胚芽粕含粗蛋白质 23%~25%，从蛋白质品质上看，玉米胚芽粕的蛋白质品质虽高于谷实类能量饲料，但各种限制性氨基酸含量均低于玉米蛋白粉及棉、菜籽饼粕，其氨基酸组成与玉米蛋白饲料（或称玉米麸质饲料）相似；粗脂肪 1%~2%，粗纤维 11%~12%；此外，玉米胚芽粕还含有一定量的非淀粉多糖（NSP），影响营养物质的消化吸收，使用时需要控制使用量。

玉米胚芽粕的蛋白质含量较高，名称虽属于饼粕类，但其粗纤维含量并不高，粗脂肪含量较高，粗纤维含量适中，且其主要的营养作用是为动物提供能量，按国际饲料分类法，被归类为能量饲料。

（2）饲用价值　在使用玉米胚芽粕作为奶牛饲料时，应控制使用量，不宜超过总饲料量的 10%，并搭配其他饲料一起使用，如玉米、豆粕、饲草等，以保证饲料的均衡。玉米胚芽粕在泌乳奶牛瘤胃中的降解特性良好，对奶牛瘤胃发酵及微生物菌群有积极影响。

由于玉米胚芽粕含有一定的油脂，不适合长期大量使用。在使用过程中需要注意储存条件，以避免饲料变质影响奶牛健康。

（3）玉米胚芽粕质量标准　饲料原料玉米胚芽粕的质量标准主要依据《NY/T 4121—2022 饲料原料 玉米胚芽粕》。

①适用范围。本标准适用于玉米胚芽粕生产者声明产品符合性，或作为生产者与采购方签署贸易合同的依据，也可作为市场监管或认证机构认证的依据。

②技术要求。外观与性状：棕黄色至金黄色，具有玉米胚芽粕固有的气味，无腐败、无异味，无发霉结块。不得掺入沙石、麻绳等无机杂质和其他有机杂质。

理化指标：应符合表 9-16 的要求。

表 9-16　玉米胚芽粕质量标准　　　　　　　单位:%

项目	一级	二级
粗蛋白质	≥18.0	≥15.0
粗灰分	≤2.5	≤2.5
水分	≤12.0	≤12.0
粗纤维	≤12.0	≤12.0
粗脂肪	≤2.0	≤2.0

注：理化指标除水分外，均以干物质含量88%为基础计算。

卫生指标：须符合 GB 13078《饲料卫生标准》的要求。

③检验方法。粗蛋白质测定：采用 GB/T 6432 标准方法。

粗灰分测定：采用 GB/T 6438 标准方法。

水分测定：采用 GB/T 10358 标准方法。

粗纤维测定：采用 GB/T 6434 标准方法。

粗脂肪测定：采用 GB/T 6433 标准方法。

④包装、标签、运输和储存。包装：应使用清洁、干燥、无毒、无异味的包装材料，包装应牢固、密封。

标签：应标明产品名称、生产日期、保质期、生产企业名称及地址、执行标准等信息。

运输：运输过程中应避免日晒、雨淋，防止污染和损坏。

储存：应储存在通风、干燥、清洁、无污染的仓库内，避免受潮、霉变和虫害。

⑤采样与检验规则

采样：按照 GB/T 14699—2003 标准进行。

检验规则：检验结果应符合本标准规定的质量要求，若检验结果不符合标准要求，可进行复检，以复检结果为准。

以上是饲料原料玉米胚芽粕的质量标准的主要内容，建议在实际应用中参考 NY/T 4121—2022《饲料原料 玉米胚芽粕》的完整文本以获取更详细的信息。

7. 喷浆玉米皮

喷浆玉米皮是以玉米为原料，经浸泡、破碎、分离出玉米皮，并将玉米浸泡液浓缩后喷到玉米皮上并经干燥、粉碎后的产品，通常是生产淀粉和酒精的副产物，含有较高的粗纤维和适量的蛋白质、脂肪及矿物质，能量低于玉米，喷浆玉米皮中的粗纤维有助于促进牛的胃肠蠕动，改善消化功能。

（1）营养特性

营养丰富：粗蛋白质 17%~18% 以上，粗脂肪 1.1%，粗纤维 7.1%，粗灰分 7.5%，钙 0.24%，磷 1.08%，盐分 0.3%。这些营养成分对奶牛的健康成长和产奶性能有积极影响。

富含有效纤维：喷浆玉米皮经过处理后，纤维素含量大大降低，易于消化吸收，而且能够减少胃肠负担，提高饲料利用率。

高能量：喷浆玉米皮中含有较高的能量，能够为奶牛提供充足的能量供给，促进生长发育，提高生产性能。

（2）饲用价值　喷浆玉米皮的蛋白主要来源是浆的浓度和加浆量。玉米加浆量多，颜色会变暗，同时口感会有涩味。而浆量过少，蛋白含量不足。

喷浆玉米皮含有丰富的蛋白质和膳食纤维，过瘤胃蛋白质高于豆粕，达 50%~60%，能够提高奶牛的消化吸收能力，促进生长发育，提高生产性能。此外，喷浆玉米皮还富含多种维生素和矿物质，如 B 族维生素、维生素 E、镁和钙等，对奶牛的健康成长有积极影响，在奶牛日粮中可代替部分玉米和麸皮。

喷浆玉米皮在使用时需要注意控制用量。由于其纤维含量较高，过量使用可能会影响饲料的整体消化率和奶牛的生长性能。

（3）喷浆玉米皮质量标准　喷浆玉米皮作为一种重要的饲料原料，其质量标准依据 NY/T 3878—2021《饲料原料 喷浆玉米皮》评定。

①适用范围。本文件适用于将玉米浸泡液喷到玉米皮上并经干燥获得的饲料原料喷浆玉米皮。

②技术要求。感官要求：棕黄色或棕色粉状，色泽均匀一致，具有喷浆玉米皮固有气味，无腐败、无异味，无发霉结块，不得掺入麻绳、沙石等无机杂质和其他有机杂质。

理化指标：见表9-17。

表9-17 喷浆玉米皮理化指标　　　　　　　　　　单位：%

项目	指标	
	1级	2级
粗蛋白质	≥18.0	≥15.0
水分	≤12.0	
粗脂肪	≤2.0	
粗纤维	≤12.0	
粗灰分	≤2.5	

理化指标除水分外，均以干物质含量88%为基础计算。

卫生标准：应符合GB 13078、GB 13078—2017的规定。

③检验方法。抽样：按GB/T 14699—2023的规定执行。

检测方法：

水分：按GB/T 6435的规定执行。

粗蛋白质：按GB/T 6432的规定执行。

粗纤维：按GB/T 6434的规定执行。

粗灰分：按GB/T 6438的规定执行。

④检验规则。检验批次：同一班次、同一品种、同一条生产线生产的产品为一批次。

检验项目：包括感官指标、水分、粗蛋白质、粗纤维和粗灰分。

⑤标签、包装、运输和储存。标签：应符合相关标签规定，

明确标注产品名称、质量指标、生产日期、保质期等信息。

包装：应采用符合食品安全要求的包装材料，确保产品在运输和储存过程中不受污染。

运输：运输过程中应避免日晒、雨淋，防止包装破损和污染。

储存：应储存在干燥、通风、清洁的仓库内，避免受潮、发霉。

保质期：在符合上述储存条件下，保质期一般为6个月。

（二）蛋白质饲料

蛋白饲料是指干物质中粗纤维含量低于18%，粗蛋白质含量高于20%的饲料。常见的蛋白饲料：饼粕类（如：豆粕、棉籽粕、菜籽粕、玉米胚芽粕等）及非蛋白氮等。

1. 豆粕

豆粕作为大豆榨油后的副产品，因其高蛋白、低脂肪以及丰富的氨基酸和矿物质含量，均衡的氨基酸比例，非常适合奶牛对营养的需求，在奶牛养殖业中扮演着至关重要的角色。

（1）营养特性　豆粕是高蛋白、低脂肪、低能量的优质蛋白饲料，蛋白质含量高达40%~50%，必需氨基酸含量高，比例均衡，尤其是赖氨酸含量达2.4%~2.8%，但蛋氨酸含量偏低；低脂肪，低于2%；低能量，淀粉含量低；矿物质中钙少磷多，适口性好，消化率高，是奶牛优质蛋白质饲料。

（2）饲用价值　豆粕是奶牛优质蛋白质饲料原料，各阶段均可使用，可以显著提高奶牛的生产性能，改善乳品质，并提高机体免疫力和繁殖性能，但近年来价格较高，应减量替代。

（3）豆粕质量标准　豆粕是饲料中常用的优质蛋白质原料，其质量标准主要依据国家标准GB/T 19541—2017《饲料原料 豆粕》评定。

①适用范围。本标准适用于以大豆为原料，经过浸提或压法制榨取油脂后的副产品豆粕，作为饲料原料使用。

②技术要求。感官要求：豆粕应为浅黄色到棕色的粉状物或颗粒物，色泽均匀，无结块，无异物，无虫蛀；具有豆粕特有的气味，无异味。

理化指标：见表9-18。

表9-18　豆粕理化指标分级　　　　　　　单位：%

项目	特级	一级	二级	三级
水分		≤12.5		
粗蛋白质	≥48.0	≥46.0	≥43.0	≥41.0
粗纤维	≤5.0		≤7.0	
粗灰分		≤7.0		
氢氧化钾蛋白质溶解度		≥73.0		
赖氨酸	≥2.50		≥2.30	
尿素酶活性（U/g）		≤0.30		

③卫生指标。应符合 GB 13078《饲料卫生标准》的有关规定。

④检验方法。粗蛋白质：按 GB/T 6432 的规定执行。

粗纤维：按 GB/T 6434 的规定执行。

粗灰分：按 GB/T 6438 的规定执行。

水分：按 GB/T 6435 的规定执行。

尿素酶活性：按 GB/T8622 的规定执行。

赖氨酸：按 GB/T18246 的规定执行。

⑤包装、标识、运输和储存。包装：应使用清洁、干燥、防潮、无毒的包装材料，包装应牢固、密封。

标识：包装标签应符合 GB 10648《饲料标签》的要求，标明产品名称、质量等级、净含量、生产日期、保质期、生产厂家等信息。

运输：运输过程中应防止受潮、受热、污染，避免与有毒有害物质混运。

储存：应储存在通风、干燥、清洁的仓库内，避免受潮、受热、虫蛀和鼠害。

⑥其他要求。原料要求：应符合《饲料原料目录》的相关要求。

质量控制：生产企业应建立质量控制体系，确保产品质量符合标准要求。

2. 棉籽饼粕

棉籽饼粕是棉籽脱壳取油后的副产物，完全脱壳的称棉仁饼粕，螺旋压榨取油后的称饼，预榨浸提或直接浸提后的称粕，营养价值受脱壳程度和加工工艺影响较大。

（1）营养特性　目前棉籽饼因工艺老旧，出油率低，较为少见，棉籽粕较为常见，粗蛋白40%~50%，与豆粕大致相同，赖氨酸含量低且利用率差，1.5%~1.8%，仅为豆粕的50%~60%，且必需氨基酸比例也不平衡，精氨酸含量高达4.65%，赖氨酸和精氨酸含量之比远远超过了100：120的理想比值，蛋氨酸也不足，约0.4%；粗纤维含量在9%~16%，粗灰分含量低于9%，富含维生素E、硫胺素及B族维生素，磷含量1%左右。

因含有游离棉酚和单宁等抗营养因子，不仅影响养分的消化吸收，还会对动物的生产、发育和繁殖等方面产生明显的不良影响，在一定程度上影响了棉籽粕在养殖生产中的应用。

（2）饲用价值　棉籽粕的氨基酸组成比例在所有饼粕中属较好的一种，除蛋氨酸略显不足外，其他氨基酸均达到联合国粮食及农业组织（FAO）推荐的标准。与豆粕等高蛋白饲料相比，棉籽粕的价格相对较低，具较好的性价比。但由于含有游离棉酚等抗营养因子，且氨基酸比例不平衡和利用率低等影响，需要注意控制添加量、选择优质棉籽粕以及注意氨基酸平衡等问题，可以降低饲料成本、提高养殖效益，同时也有助于奶牛的健康和生产性能的提升。

（3）棉籽粕质量等级　棉籽粕是新疆最常见蛋白质饲料，其质量标准主要依据 GB/T 21264—2007《饲料用棉籽粕》评定。

①感官指标：呈黄褐色或浅黄褐色，块状或粉末状，无发酵、霉变、虫蛀等现象；具有棉籽粕特有的香味，无异味；不得含有其他非棉籽粕物质。

②质量分级：根据粗蛋白质、粗纤维和粗灰分含量，饲料用棉籽粕分为 5 个等级，见表 9-19；根据游离棉酚含量分为 3 个等级，见表 9-20。

表 9-19　饲料用棉籽粕质量等级标准　　　　单位：%

指标项目	等级				
	一级	二级	三级	四级	五级
粗蛋白质	≥50.0	≥47.0	≥44.0	≥41.0	≥38.0
粗纤维	≤9.0	≤12.0	≤14.0		≤16.0
粗灰分	≤8.0			≤9.0	
粗脂肪			≤2.0		
水分			≤12.0		

表 9-20　饲料用棉籽粕游离棉酚含量及分级

项目	分级		
	低酚棉籽粕	中酚棉籽粕	高酚棉籽粕
游离棉酚（mg/kg）	≤300	300<FG≤750	750<FG≤1 200

注：FG 为游离棉酚（free gossypol）。

卫生指标：应符合 GB 13078—2017《饲料卫生标准》的

要求。

检验方法：水分、粗蛋白质、粗纤维、粗灰分等指标的检验应按照相关国家标准（如 GB/T 6432—6438）的规定执行；游离棉酚按 GB/T 13086 的规定执行。

各项质量指标必须全部符合相应等级的规定。

3. 菜籽饼粕

菜籽饼粕是油菜籽榨油后的副产物，螺旋压榨取油后的称饼，预榨浸提或直接浸提后的称粕。根据加工设备的型号又分为 95 型和 200 型，200 型菜籽粕是经过预压浸提或直接浸提而生产的，其营养价值较好；而 95 型菜籽饼又称油枯，是直接经过压榨而生产的，其加工简单，没有进行任何其他的处理，生产过程温度高，营养损失大，毒素较高。目前以 200 型菜籽粕较为常见。

（1）营养特性　菜籽饼粕的营养丰富，蛋白质含量高达 34%~38%，可消化蛋白质为 27.8%。菜籽粕的氨基酸组成平衡，含硫氨基酸较多，精氨酸含量低，赖氨酸与精氨酸的比例适宜，是一种良好的氨基酸平衡饲料；粗纤维含量 12%~13%，适量的粗纤维有助于促进动物肠道蠕动，改善消化功能，有效能值较低，低于豆粕。此外，菜籽粕中的矿物质含量也较高，尤其是钙、磷含量丰富，且富含铁、锰、锌和硒，尤其是硒含量远高于豆饼。维生素中胆碱、叶酸、烟酸、核黄素和硫胺素均比豆饼高，但胆碱与芥子碱呈结合状态，不易被肠道吸收。

然而，菜籽粕中也存在一些抗营养因子，如硫葡萄糖甙、芥子碱、植酸和单宁等，其中硫葡萄糖甙、芥子碱是主要的抗营养因子，根据抗营养因子含量，分为低硫葡萄糖甙、低芥子碱菜籽粕（"双低"菜籽粕）和普通菜籽粕，在使用菜籽粕作为奶牛饲料时，需要关注其抗营养因子的含量，并进行合理搭配和处理。

（2）饲用价值　菜籽饼粕因含有多种抗营养因子，饲用价值明显低于豆粕，并可引起甲状腺肿大，采食量下降，生产性能降低。但价格较低，蛋白质较高且氨基酸较平衡，合理搭配使用，具有较高的饲用价值。

与普通菜籽粕相比，"双低"菜籽粕的有效能值略高，赖氨酸含量和消化率显著高，蛋氨酸和精氨酸略高，其他成分大致相同。

（3）菜籽粕质量标准等级　饲料用菜籽粕的质量标准主要依据 GB/T 23736—2009《饲料用菜籽粕》评定。

①适用范围：本标准适用于以菜籽为原料，通过预榨浸出或直接浸出法取油后所得的菜籽粕。

②质量分级：根据理化指标分为 4 级，见表 9-21；根据异硫氰酸酯含量分为 3 级，见表 9-22。

表 9-21　菜籽粕技术指标及分级标准　　　　　单位：%

指标项目		等级			
		一级	二级	三级	四级
粗蛋白质	≥	41.0	39.0	37.0	35.0
粗纤维	≤	10.0	12.0		14.0
赖氨酸	≥	1.7		1.3	
粗灰分	≤	8.0		9.0	
粗脂肪	≤		3.0		
水分	≤		12.0		

注：各项质量指标含量除水分以原样为基础计算外，其他均以 88% 干物质为基础计算。

表 9-22　菜籽粕异硫氰酸酯含量及分级

项目	分级		
	低异硫氰酸酯菜籽粕	中异硫氰酸酯菜籽粕	高异硫氰酸酯菜籽粕
异硫氰酸酯（mg/kg）	≤750	750<ITC≤2 000	2 000<ITC≤4 000

注：质量指标以 88% 干物质为基础计算。

感官性状：菜籽粕应为黄色或浅褐色，碎片或粗粉状，具有菜籽粕特有的油香味，无发酵、霉变、结块及异味异嗅。

夹杂物：不得掺入菜籽粕以外的物质。

卫生指标：应符合中华人民共和国有关饲料卫生标准的规定。

③检验方法。水分、粗蛋白质、粗纤维、粗灰分的检验应按照 GB 6432—6439 的相关规定执行。

④包装、运输和储存。包装：应采用标准化定量包装，包装应清洁、干燥、防潮、无毒。运输和储存：应符合保质、保量、运输安全和分类、分级储存的要求，严防污染。

⑤标签和标识。标签应符合相关标准要求，标明产品名称、质量等级、净含量、生产日期、保质期、生产厂家等信息。

4. 向日葵饼粕

向日葵饼粕是向日葵籽榨油后的副产品，完全脱壳的称向日葵仁饼粕，螺旋压榨取油后的称饼，预榨浸提或直接浸提后的称粕，营养价值受脱壳程度和加工工艺影响较大。

(1) 营养特性　向日葵饼粕粗蛋白质，去壳的葵仁饼粕含量可达 35%~38%，带壳的葵籽饼粕含量则为 22%~28%，赖氨酸含量偏低，仅 1.1%~1.2%，低于棉仁饼粕。如果脱油过程中加热过度，则赖氨酸损失更大，其营养价值显著降低。蛋氨酸含量相对较高（0.6%~0.7%），高于大豆饼粕、棉仁饼粕。赖氨酸和蛋氨酸的消化率高达 90%，与大豆饼粕相当。对于奶牛，向日葵粕中的含硫氨基酸——蛋氨酸是第一限制氨基酸。向日葵饼粕的粗纤维含量随壳的比例而不同，带壳的饼粕粗纤维含量一般为 22%~26%，木质素高达 8%~10%，脱壳良好的向日葵仁粕粗纤维含量在 12% 左右，可利用能值高；脂肪量则随提油方式而不同，能量变化大，但比豆粕低；矿物质常量元素钙磷含量较一般饼粕类饲料高，微量元素中锌、铁、铜含量丰富；B 族维生素含量比大豆粕高，其烟酸含量相当于谷物籽实中含量的10倍，大约是大豆粕中含量的5.8倍，溶剂浸出粕泛酸含量也高。其钙、磷含量比一般油粕类高。但总的来说，其必需氨基酸含量低，已基本失去作为蛋白质补充料的价值。

（2）饲用价值　向日葵饼粕适口性好，是奶牛良好的蛋白质原料，向日葵仁饼粕饲喂效果与大豆饼粕不相上下，可以部分替代豆粕，从而降低饲料成本，并有助于维持奶牛的健康和生产性能。

（3）向日葵粕质量等级标准　饲料用向日葵粕的质量标准主要依据国家标准NY/T 127—1989《饲料用向日葵仁粕》评定。

①适用范围：该标准适用于以向日葵仁（带部分壳）为原料，通过浸提法取油后得到的饲料用向日葵仁粕。

②感官性状：饲料用向日葵粕应为浅灰白色或浅褐黄色的粉状或碎片状，色泽一致，无发酵、霉变、结块及异味异嗅。

③质量分级：饲料用向日葵粕的质量分为3个等级，见表9-23。

表9-23　饲料用向日葵粕质量指标及分级标准　　单位：%

质量指标	一级	二级	三级
水分		≤12.0	
粗蛋白质	≥38.0	≥32.0	≥24.0
粗纤维	<16.0	<22.0	<28.0
粗灰分		<10.0	

感官性状：应为淡灰白色或浅褐黄色的粉状或碎片状，色泽一致，无发酵、霉变、结块及异味异嗅。

夹杂物：不得掺入向日葵粕以外的物质。若加入抗氧化剂、防霉剂等添加剂时，应做相应的说明。

卫生指标：应符合中华人民共和国有关饲料卫生标准的规定。

5. 玉米干全酒糟（玉米 DDGS）

玉米 DDGS 是玉米发酵生产酒精后的副产物，营养丰富，富含蛋白质、能量和磷含量，同时价格相对较低，是奶牛优质蛋白质饲料。

(1) 营养特性　粗蛋白含量较高，25%~30%，过瘤胃蛋白质（55%）；粗纤维含量也相对较高，中性洗涤纤维 NDF 含量可达 38%~40%，有助于促进奶牛胃肠蠕动，改善消化功能，维持瘤胃健康和稳定 pH 值，降低瘤胃酸中毒的发生；粗脂肪 8%~12%，大部分为亚油酸等不饱和脂肪酸，对奶牛的健康和生产性能有益，具有较高的饲用价值。

(2) 饲用价值　DDGS 的蛋白质和能量含量较高，可以替代部分豆粕和玉米作为蛋白质和能量来源，从而降低饲料成本。由于 DDGS 颗粒较小，有效纤维含量较低，因此应适当控制其在泌乳奶牛日粮中的用量，以避免影响奶牛的消化功能和生产性能。

DDGS 在储存和运输过程中容易受潮发霉，因此应做好防霉措施，确保饲料的安全性和卫生性。

(3) 玉米干全酒糟质量标准等级　玉米 DDGS 的质量标准主要依据 GB/T 25866—2010《玉米干全酒糟（玉米 DDGS）》评定。

①适用范围：GB/T 25866—2010 标准适用于以玉米为原料，经过发酵、蒸馏等工艺生产的 DDGS，包括饲料用和非饲料用产品。该标准对玉米 DDGS 的质量要求、检验方法、检验规则、标志、包装、运输和储存等方面进行了明确规定。

②感官要求：玉米 DDGS 应具有正常的色泽、气味和状态，无异味、无异物、无霉变。

③理化指标：标准对玉米 DDGS 的水分、粗蛋白、粗脂肪、

粗纤维、粗灰分等理化指标提出了具体要求，见表9-24。

④卫生指标：玉米 DDGS 中的重金属、农药残留、微生物等卫生指标应符合国家相关标准要求，见表9-25。

表9-24 玉米 DDGS 技术指标及质量分级　　　单位:%

项目	高脂型 DDGS		低脂型 DDGS	
	一级	二级	一级	二级
色泽	浅黄色	黄褐色	浅黄色	黄褐色
水分		≤12		
粗蛋白质	≥28	≥24	≥30	≥26
粗脂肪		≥7		≥2
磷		≥0.60		
粗纤维		≤12		
中性洗涤纤维		≤50		
粗灰分		≤7		

表9-25 玉米 DDGS 卫生指标

项目	指标
黄曲霉毒素 B_1（μg/kg）	≤50
玉米赤霉烯酮（μg/kg）	≤500
T-2 毒素（μg/kg）	≤100
赭曲霉毒素 A（μg/kg）	≤100
霉菌总数（个/g）	≤10×10^3

⑤标志、包装、运输和储存。标志：玉米 DDGS 产品应有明显的标签，标明产品名称、规格、生产日期、保质期、生产者名称和联系方式等信息。

包装：产品应采用符合卫生要求的包装材料，包装应牢固、密封，防止污染和破损。

运输：运输过程中应避免日晒、雨淋，防止产品受潮、变质。

储存：产品应储存在干燥、通风、避光的环境中，避免高温、潮湿等不良条件。

6. 糊化尿素

糊化尿素是以玉米粉、尿素及某些特定的缓释剂为原料，通过高温、高压处理制成的一种以非蛋白氮为主的粗蛋白质含量极高的饲料。糊化尿素通过减缓尿素氮的释放速度，提高了尿素在反刍动物日粮中的利用率，从而改善了动物的生长性能，并提高了生产效率。

（1）营养特性　奶牛的瘤胃寄居着大量的瘤胃微生物，微生物分泌的脲酶可以将尿素催化分解成氨，再进一步被微生物利用合成菌体蛋白，进入奶牛的皱胃和小肠，被消化吸收利用，为奶牛提供优质的蛋白质来源。

蛋白质营养替代：糊化尿素可以作为反刍动物蛋白质饲料的代用品，通过瘤胃微生物的作用将非蛋白氮转化为微生物蛋白质，丰富畜体所吸收的氨基酸数量和种类，改善蛋白质营养。实际上，非蛋白氮起到了蛋白质的营养作用，是解决蛋白质饲料不足和降低饲料成本的重要途径。

糊化尿素在奶牛日粮中能够缓慢释放氮素，与日粮中的碳水化合物结合，形成氮源与碳源的复合物，使氮、碳源发酵趋于同步，刺激内源氮的有效再循环，从而增加瘤胃内菌体蛋白产量，有助于提高饲料的消化利用率，使奶牛更充分地吸收日粮中的营养，促进健康，提高生产性能。

（2）饲用价值　糊化尿素作为一种高效的尿素缓释产品，在提高奶牛的生产性能、改善营养物质消化吸收率以及降低氨中毒风险方面具有显著的饲用价值。

由于蛋白质资源的短缺，饲料中蛋白质的价格居高不下。通过添加糊化尿素作为非蛋白氮源，可以在一定程度上替代部分植物蛋白，降低饲料成本。同时，糊化尿素的生产成本相对较低，因此在实际应用中具有明显的经济优势。

在使用糊化尿素时，须注意以下几点。

适量添加：过量使用糊化尿素可能导致动物体内氮素失衡，影响动物的生长性能和健康状况。因此，在实际应用中须根据动物的营养需求和饲料配方进行合理添加。

合理搭配：糊化尿素须与其他饲料原料合理搭配，保持能氮平衡和氮、碳源发酵同步，以提高饲料的营养价值和利用率。

第二节 犊牛的营养需要与日粮配制

一、哺乳犊牛的营养需要与日粮配制

哺乳犊牛指出生至 2 月龄犊牛，是后备牛培育过程中最核心的阶段，是生长发育的关键时期，由于犊牛出生时瘤胃未发育完全，具有消化功能的真胃占据整个胃的 70%，瘤胃在断奶时才能够发育成型，所以，哺乳阶段需要更好的营养和饲喂管理。适时合理补充精料是确保其健康成长的重要措施，精料中的发酵产物能够促进瘤胃乳头发育，合理的精料配制对于保障其健康成长至关重要。

（一）哺乳犊牛的营养需要量

初乳是新生犊牛的第一餐，富含免疫球蛋白，含有比常乳更高的乳脂肪、乳蛋白质、矿物质和维生素等营养成分，对于新生犊牛的免疫保护和健康发育至关重要。哺乳早期犊牛营养主要来源于牛奶或代乳粉，犊牛早期的营养和生长速度影响其未来的生产性能，哺乳期犊牛的饲养目标是保证健康，日增重 850~950 g/d，促进消化系统发育，使其从单胃动物过渡到反刍动物，实现从液体饲料平稳过渡到固体饲料，并能够消化更多的纤维饲料。这是在哺乳的基本

上，从第 3 d 开始补饲适口性良好的犊牛开食料实现的。

犊牛开食料应含有足够量的淀粉和可发酵碳水化合物，以刺激发酵细菌的生长和反刍动物消化系统的快速差异化生长。在 4~5 周龄后，限制液体饲料的摄入量，刺激犊牛采食更多的开食料，促进瘤胃的发育。

查阅 NASEM（2021），哺乳犊牛能量和蛋白质营养需要量见表 9-26。

表 9-26 哺乳犊牛能量和蛋白质营养需要量

BW (kg)	ADG (g/d)	日粮	DMI (kg/d)	ME (Mcal/d)	MP (g/d)	CP (g/d)	CP (%DMI)
50	400	80:20	0.79	3.40	147	162	20.6
	600	80:20	0.97	4.18	197	217	22.4
	800	80:20	1.15	4.98	247	271	23.6
60	400	80:20	0.87	3.75	153	168	19.4
	600	80:20	1.05	4.55	204	224	21.2
	800	80:20	1.25	5.38	254	279	22.4
	1 000	80:20	1.44	6.24	305	335	23.2
70	400	80:20	0.94	4.08	159	174	18.4
	600	80:20	1.14	4.91	210	231	20.3
	800	80:20	1.33	5.77	261	287	21.5
	1 000	80:20	1.54	6.65	312	343	22.3
80	600	80:20	1.21	5.25	216	237	19.5
	800	80:20	1.42	6.13	268	294	20.7
	1 000	80:20	1.63	7.03	320	351	21.6

资料来源：NASEM（2021）

（二）哺乳犊牛营养需要模型建立

相关研究表明，当饲喂 0.9 kg/d 或更高的牛奶或代乳粉干物质时，开食料的粗蛋白含量为干物质的 22%~25% 可能会增加生长性能；开食料的中性洗涤纤维含量应大于干物质的 13%，开食料配方含有 25%~35% 的淀粉，因为犊牛肠道中没有蔗糖酶，故开食料中糖含量不宜超过 5%DM。

犊牛不喜欢采食细粉料，以颗粒料+切碎的 2.5 cm 左右的高纤维饲草（>60% NDF）为佳，其中草的量不超过固体饲料的 5%。理想的犊牛饲养应结合哺乳犊牛的生理特点，推荐哺乳犊牛典型开食料营养水平见表 9-27。

表 9-27 哺乳犊牛典型开食料营养指标

营养素名称	单位	适宜指标
干物质	%饲喂基础	87.8
蛋白质	%DM	24.7
粗脂肪	%DM	3.3
淀粉	%DM	25.5
酸性洗涤纤维，ADF	%DM	9.4
中性洗涤纤维，NDF	%DM	>15
中性洗涤纤维 48 h 降解率	%NDF	65.3
可溶性碳水化合物	%DM	12.0
非结构性碳水化合物，NFC	%DM	>40
钙	%DM	0.75
磷	%DM	0.37
钾	%DM	0.60
钠	%DM	0.22
氯	%DM	0.17
镁	%DM	0.15
铜	mg/kg	12
铁	mg/kg	60

(续表)

营养素名称	单位	适宜指标
锰	mg/kg	40
锌	mg/kg	55
碘	mg/kg	0.8
硒	mg/kg	0.3
钴	mg/kg	0.2
维生素A	IU/kgDM	3700
维生素D	IU/kgDM	1100
维生素E	IU/kgDM	67

（三）饲料原料的选择

开食料要选择不同发酵速度且颗粒度较大的饲料原料为最好，让能量逐步在瘤胃中释放，还可以起到摩擦作用，更适合犊牛消化吸收，同时可以刺激瘤胃乳头发育。开食料最重要的因素是适口性和可发酵碳水化合物的含量，并抗应激、抗腹泻。开食料淀粉主要由谷物供应，一般情况，饲喂玉米能促进最大的开食料采食量，但不宜过高，易导致腹泻；蛋白原料中豆粕的排名最高，其次是干酒糟。故哺乳犊牛开食料主要原料可选择：玉米、小麦麸皮、膨化大豆、豆粕、DDGS、甜菜粕、乳清粉等。

（四）配方设计

根据设定的哺乳犊牛营养需要模型，结合哺乳犊牛的生理特点，选择犊牛喜欢的饲料原料，使用配方软件等计算工具，设计符合犊牛营养需要的精料配方，首先要关注骨骼生长，其次是肌肉、脂肪的生长，要满足钙、磷、镁、铜、钴、铁、锰、锌、硒等营养元素的需求。建议选择有机类微量元素，有机类微量元素更利于吸收利用，且对犊牛的健康和生长有明显的优势。配方示例如表 9-28 所示。

表 9-28　哺乳犊牛开食料配方及营养指标

原料名称	配方用量（%）	营养成分	成分含量（% DM）
玉米	38	维持净能 NEm（Mcal/kg DM）	1.544
小麦麸皮	8	增重净能 NEg（Mcal/kg DM）	1.058
DDGS	5	粗蛋白质	24.9
膨化大豆	10	粗脂肪	4.7
发酵豆粕（50CP）	8	非纤维碳水化合物	45.6
豆粕（46CP）	16	淀粉	31.3
棉粕（46CP）	2	粗纤维	7.3
乳清粉	5	中性洗涤纤维	16.5
甜菜粕	3.2	酸性洗涤纤维	8.5
石粉	1.6	钙	1.20
磷酸氢钙	1.2	磷	0.74
酵母培养物 XPC	0.5	粗灰分	8.3
食盐	0.5	赖氨酸	1.210
预混料	1	蛋氨酸	0.305

犊牛开食料以颗粒料为佳。

(五) 饲喂管理

优质的初乳和高质量的饲喂方案，可以提高犊牛免疫力，发挥犊牛生长的遗传潜力。由于母牛胎盘的特殊结构，母源抗体无法通过母牛的胎盘屏障进入犊牛的血液循环，进而导致了在犊牛出生前无法获得来自母体的被动免疫。刚出生的犊牛对外界各种病原微生物的抵抗力是零。这时犊牛的免疫系统尚未发育成熟，只能通过含有丰富免疫球蛋白的初乳获得抗体，建立被动免疫系统。

1. 初乳的饲喂

初乳对犊牛生长和健康非常重要，不仅含有免疫球蛋白，还含有生长因子等生物活性物质，能刺激胃肠道的发育，增强对饲料中营养物质的吸收和利用，提高1月龄内犊牛饲料利用率，并促进胎粪排泄，因此，充足的初乳摄入不仅对免疫系统至关重要，而且还有助于犊牛的能量和蛋白质利用。

优质初乳和高质量饲喂方案是保证新生犊牛健康和存活的关键，关系到犊牛的发病率、日增重以及以后的产奶性能等指标，应在出生后的几个小时内采食足够的初乳以提供超过150~200 g的免疫球蛋白（IgG），优质初乳IgG按50 g/L计算，所以应在犊牛出生后1~2 h内灌服出生体重10%的IgG>50 g/L优质初乳（3~4 L），最迟不超过6 h，10~12 h小时再喂2 L；研究表明，饲喂4 L初乳的犊牛在断奶前和断奶后的日增重明显更高，断奶后的采食量也更大。尽早给犊牛饲喂足量优质初乳是保证新生犊牛健康和成活率的最重要的管理因素，因为在出生后的2~4 h，初乳中的免疫球蛋白IgG通过肠道上皮的转移效率是最佳的，可以直接通过肠壁以未被消化的状态吸收，随着时间的推移，效率逐渐下降，大约在24 h后完全关闭。

高质量的初乳饲喂有5个要素（5个Q），即质量（Quality）、数量（Quantity）、速度（Quickness）、洁净度（sQueaky clean）和对结果进行量化监测（Quantifying）。

（1）初乳质量 初乳的形成是从产前3周开始，分娩时停止。初乳的重要成分包括免疫球蛋白（IgG、IgA和IgM）、母体白细胞、细胞因子、生长因子、激素、非特异性抗微生物因子和营养物质。产后第一次挤的初乳浓度最高，优质初乳IgG>50 g/L，使用初乳计测量，通过测量初乳密度来估测IgG浓度

（比重>1.050时，IgG>50 g/L），受乳脂肪和其他固形物含量及温度影响较大，建议使用白利糖度折射仪测量蔗糖浓度（Brix,%），因蔗糖浓度与初乳中的 IgG 浓度呈正相关，使用22%的白利糖度临界值可以非常准确地（敏感性90.5%，特异性85%）鉴别优质初乳（IgG>50 g/L）。如果初乳不达标的奶牛超过10%，应评估围产和新产牛的营养与管理来提高初乳的整体质量。

（2）初乳饲喂量　研究和先进牧场的实践表明，犊牛应在出生后的几小时内采食足够的初乳以提供超过 150~200 g 的 IgG，如果初乳质量达标，IgG 浓度为 50 g/L，建议出生后 1~2 h 饲喂初生重10%（3~4 L）优质初乳。

（3）尽快饲喂初乳　影响免疫球蛋白吸收效率的主要因素是初乳饲喂时间，在出生后的 2~4 h，IgG 通过肠道上皮的效率是最佳的，随后随着时间的延长，吸收效率逐渐下降，24 h 后完全关闭。故建议出生后 1~2 h 人工使用食管灌服初乳，最迟不超过 6 h。灌服人员应经过正确的初乳灌服技术培训，必须 1 次完成插管，灌服完成必须做正确的维护和消毒。

（4）初乳洁净度　初乳应洁净无病原菌污染，建议将初乳经巴氏杀菌后灌服，即将初乳加热至 60℃并保持 60 min，可有效减少细菌数量，细菌总数<10 万 cfu/mL，大肠菌群数<1万 cfu/mL，对 IgG 浓度无影响，减少了病原菌传染的风险，同时提高了犊牛对 IgG 的吸收效率，从而改善了出生到断奶犊牛的健康状况。

（5）监测初乳管理方案　目前还没有直接测定血清 IgG 的现场检测方法，可通过血清总蛋白（STP，g/dL）或血清白利糖度（Brix,%）检测来估计被动免疫失败的犊牛比例。检测结果应在群体层面而不是个体。灌服初乳 24~72 h，采集至少 12 头临床上表现健康的 1~7 日龄犊牛静脉全血 8~10 mL，分离血清，

第九章 奶牛日粮配制技术

分别用 STP 折光仪或白利糖度折光仪检测 STP 或血清白利糖度值：7.5 g/dL>STP≥5.5 g/dL 或 Brix≥8.4%，被动免疫成功，群体被动免疫成功率≥95%，否则检查上面提到的 4 个 Q 项目（质量、数量、速度和洁净度）并查找改进的问题点。

2. 常乳饲喂

犊牛出生后的 4~5 周，犊牛的营养需要必须由液体饲料来满足，为了达到生长目标，需要提供超过维持需要更多的营养，通常采用前期递增、后期递减饲喂方式，在保持液体饲料合理饲喂量的同时，鼓励多采食开食料，断奶前应逐步减少液体饲料喂量，以确保犊牛采食足够的开食料维持生长，在瘤胃中提供足够的物理刺激和刮擦作用，促进瘤胃发育和营养供给。瘤胃发育包括乳头分化、瘤胃壁的肌肉和血管形成、容积增大和瘤胃开始蠕动，以及建立强大的瘤胃微生物区系，以确保良好的消化和瘤胃功能。充分的瘤胃发育和足够的开食料摄入是确保成功断奶的关键。

常见的饲喂建议是饲喂 10%体重的液体饲料，在断奶前 2~3 周减少每次饲喂量，在断奶前 1 周减少每天的饲喂次数，使犊牛有足够的时间逐步增加开食料的采食量。即从第 2 d 开始，饲喂常乳或代乳粉，直至断奶。2~7 d，日喂 3 次，7 L/d，第 3 d 开始自由饮水，并诱导补饲开食料；8~21 d，日喂 3 次，9 L/d，开食料自由采食；22~49 d，日喂 3 次，11 L/d，开食料自由采食；50~53 d，日喂 3 次，9 L/d，开食料自由采食；54~57 d，日喂 3 次，7 L/d，开食料自由采食；58~60 d，日喂 2 次，4 L/d，开食料自由采食；61~63 d，日喂 1 次，2.0 L/d，开食料自由采食；64~65 d，日喂 1 次，1.0 L/d，开食料自由采食，开食料连续 3 d 采食量达 1.5~2 kg，瘤胃发育成型后，且断奶体重达初生重的 2 倍以上，以维持至少 1.0 kg/d 日增重时断奶，原圈开食料继续饲喂 7~10 d 后转断奶犊牛舍小群饲养，切忌断奶后立即转舍。

哺乳犊牛是否可以补饲优质干草，目前仍存在一定争议，美国和加拿大等国家不建议哺乳期犊牛饲喂干草，认为开食料有利于刺激瘤胃发育，哺乳期补饲干草，会影响开食料的采食量，且降低消化率，不利于犊牛瘤胃发育。德国和荷兰等国建议喂乳期犊牛自由采食禾本科干草，以优质燕麦干草为最佳，可以增加犊牛的开食料采食量并提高日增重，故现在很多牧场在犊牛出生1个月左右，在饲喂开食料的同时，开始在开食料旁边添加开食料量5%的切短（2.5 cm）的优质燕麦干草（NDF>60%），可促进开食料的采食，以确保足够的物理刺激、瘤胃活力和外流速率，同时提供充足的淀粉以维持增长，并提高断奶前后，特别是断奶后消化纤维的能力。建议各牛场根据牛场自身实际选择合适的饲喂方法。

饲喂过程高度关注采食和粪便评分情况，如腹泻情况多，应及时反馈并调整。

二、断奶犊牛日粮配制

断奶犊牛是指断奶至6月龄犊牛，营养管理是关键，影响犊牛的健康，也直接影响犊牛成年后乳用特征的形成、初产日龄、生产性能、使用寿命和经济效益，所以要高度重视断奶犊牛的营养需要。

（一）断奶犊牛的营养需要量

犊牛断奶后，其日粮结构发生较大变化，由喝奶、吃料转变为单纯的吃料，对其消化系统产生一定的应激，容易引起腹泻和免疫力降低，发病率升高，死亡率增加。所以对断奶犊牛的营养需要应高度重视，日增重应达 $0.85 \sim 1.05$ kg/d，6月龄体重≥180 kg，体高≥105 cm。查阅 NASEM（2021），断奶犊牛能量和蛋白质营养需要量见表9-29。

第九章 奶牛日粮配制技术

表 9-29 断奶犊牛能量和蛋白质营养需要量

BW (kg)	ADG (g/d)	DMI (kg/d)	ME (Mcal/d)	NEm (Mcal/d)	MP (g/d)	CP (g/d)	CP (%DMI)
95	600	2.337	7.010	2.61	259.4	370.5	15.9
	800	2.688	8.065	2.61	315.5	450.7	16.8
	1 000	3.049	9.146	2.61	371.7	531.0	17.4
105	600	2.465	7.394	2.82	267.3	381.9	15.5
	800	2.824	8.471	2.82	324.2	463.1	16.4
	1 000	3.192	9.575	2.82	381.2	544.6	17.1
	1 200	3.567	10.701	2.82	438.4	626.3	17.6
115	600	2.589	7.766	3.01	275.1	393.0	15.2
	800	2.954	8.863	3.01	332.8	475.4	16.1
	1 000	3.329	9.988	3.01	390.6	558.0	16.8
	1 200	3.712	11.136	3.01	448.6	640.8	17.3
125	600	2.709	8.128	3.21	282.7	403.9	14.9
	800	3.081	9.244	3.21	341.2	487.4	15.8
	1 000	3.463	10.388	3.21	399.8	571.1	16.5
	1 200	3.852	11.556	3.21	458.6	655.1	17.0
	1 400	4.248	12.743	3.21	517.4	739.2	17.4

资料来源：NASEM（2021）。

（二）断奶犊牛营养需要模型建立

根据营养需要和相关研究，结合断奶犊牛消化生理特点，建立符合牛场实际的断奶犊牛营养需要模型。常见饲喂模式为精料+优质干草混合饲喂，干草占比由 5% 逐渐递增至 15%~20%，NDF 的采食量由体重的 0.5% 逐步提高至体重的 1%，推荐断奶犊牛典型精料营养水平见表 9-30。

表 9-30 断奶犊牛典型精料营养指标

营养素名称	单位	适宜指标
干物质	%饲喂基础	87.8
蛋白质	%DM	20.0
降解蛋白质	%CP	25~30
非降解蛋白质	%CP	45~55
TDN	%DM	69
中性洗涤纤维，NDF	%DM	25
维持净能	Mcal/kg	1.69
增重净能	Mcal/kg	1.07
钙	%DM	0.65
磷	%DM	0.33
钾	%DM	0.60
钠	%DM	0.20
氯	%DM	0.15
镁	%DM	0.15
铜	mg/kg	12
铁	mg/kg	55
锰	mg/kg	60
锌	mg/kg	50
碘	mg/kg	0.5
硒	mg/kg	0.3
钴	mg/kg	0.2
维生素 A	IU/kgDM	3 700
维生素 D	IU/kgDM	1 100
维生素 E	IU/kgDM	67

(三) 饲料原料的选择

断奶犊牛料应具备营养全面、易消化的特点，既能快速促进瘤胃发育和生长，又能有效防止腹泻。因此，原料应选择高蛋白、优质短纤，不能添加非蛋白氮，避免使用高水分饲草。

(四) 配方设计

根据设定的断奶犊牛营养需要模型，结合断奶犊牛生理和瘤胃发育特点，选择适合的饲料原料，使用配方软件等计算工具，设计符合犊牛营养需要的精料配方，配方示例如表9-31所示。

表9-31 断奶犊牛精料配方及营养价值

原料名称	配方用量(%)	营养成分	成分含量(% DM)
玉米	40	维持净能NEm（Mcal/kg DM）	1.869
小麦麸皮	12	增重净能NEg（Mcal/kg DM）	1.255
DDGS	6	粗蛋白质	22.4
豆粕（43CP）	24	粗脂肪	3.0
棉粕（46CP）	4.5	非纤维碳水化合物	45.7
甜菜粕	8	淀粉	33.3
石粉	2	粗纤维	8.8
磷酸氢钙	1	中性洗涤纤维	20.5
食盐	0.5	酸性洗涤纤维	10.0
碳酸氢钠	1	钙	1.28
预混料	1	磷	0.70

(五) 饲喂管理

犊牛断奶后，在原圈舍开食料继续饲喂7 d后，转断奶犊牛舍小群饲养，10~15头/圈，继续喂开食料3 d后开始过渡换料，开食料：断奶犊牛料2∶1喂2 d，开食料：断奶犊牛料1∶1喂2 d，开食料：断奶犊牛料1∶2喂2 d，第10 d全部饲喂断奶犊牛料，换料过渡完成后开始添加优质干草，采用精料+优质干草混合饲喂，干草占比由5%逐渐递增至15%~20%，以优质燕麦草为最佳，3~4月龄精料投喂量1.5~2.5 kg，5~6月龄精料投喂量3.0~3.5 kg，同时保证淀粉消化率达到90%以上，整体日粮（颗粒料+干草）中粗蛋白水平达到16.4%，可溶性蛋白30%~35%。为保证瘤胃正常发育，6月龄前禁止饲喂青贮或黄贮等高水分饲草。

第三节 育成牛和青年牛营养需要与日粮配制

后备青年牛是奶业可持续发展的重要力量，是头胎牛冲刺高峰产量的基础，头胎牛产量代表全群的产量，是牧场的未来。后备牛的营养与饲养通过影响乳腺发育、首次产犊的体重和体况评分，对产奶性能造成长期影响。优质高产奶牛必须从犊牛和后备牛的培育抓起，加强后备牛的培育是提高牛群质量和生产水平的一项重要措施。合理培育后备牛，可延长奶牛的使用年限，提高饲料利用率和奶产量，降低养殖成本，增加经济收入。同时，后备牛的培育对奶牛的体型、粗饲料的采食能力、成年奶牛产奶性能和繁殖性能也起着决定性作用。因此，通过饲喂管理和日粮营养水平的调控培育出优质后备奶牛是维持奶牛业长期发展的重要措施。

为方便管理、提高饲料效率和提高生产性能，通常将后备青年牛根据月龄、体重和生理状态分为育成牛和青年牛进行分群饲养，有助于优化资源分配，并确保牛只在不同生长阶段获得适宜的饲养条件。

一、育成牛营养需要与日粮配制

育成牛是指 7 月龄至初次配种的奶牛,是后备牛快速生长阶段,是乳腺形成和瘤胃发育的关键时期,营养需求与成年奶牛有所不同,日粮以粗饲料为主,需要特别关注粗蛋白、能量、纤维素等营养成分的平衡,应逐渐减少高能量饲料的比例,增加纤维素和粗蛋白的含量,以促进骨骼和肌肉的生长,并促进乳腺发育。此阶段生长发育最快,营养重点是控制能量,保证蛋白质、矿物元素、微量元素和维生素的充足供应,促进其骨骼和肌肉的生长,促进乳腺发育,保证体重和体况的适宜。

(一) 育成牛的营养需要量

育成期的营养不能过低或过高,否则会给育成牛培育带来很大影响。营养过低,导致生长发育迟缓和乳腺发育受阻,营养过高,则会导致育成牛过肥,脂肪容易沉积在乳腺内,导致产奶量下降。育成期日粮以粗饲料为主,通过 NDF 控制干物质和能量摄入,日增重应达 0.75~0.85 kg/d。蛋白质是育成牛需要的一种重要营养物质,对育成牛的生长发育和乳腺发育都起到重要作用,研究表明,乳腺的发育好坏与饲料中蛋白质浓度的高低有直接关系,育成牛应采用高蛋白低能量日粮,以促进乳腺发育。

查阅 NASEM (2021),育成牛能量和蛋白质营养需要量见表 9-32。

表 9-32 后备牛能量和蛋白质营养需要量

体重	kg	224		336		420		560	
DMI	kg/d	6.0		8.0		9.3		10.9	
能量/蛋白质		ME Mcal/kg DM	CP %	ME Mcal/kg DM	CP %	ME Mcal/kg DM	CP %	ME Mcal/kg DM	CP %

(续表)

体重	kg	224		336		420		560	
ADG 700	g/d	2.1	15.4	2.1	13.6	2.1	12.7	2.5	13.5
ADG 840	g/d	2.3	16.4	2.2	14.4	2.2	13.4	2.7	14.1
ADG 980	g/d	2.4	17.4	2.3	15.2	2.3	14.1	2.8	14.7

（二）育成牛营养需要模型建立

育成牛的营养重点是使母牛长骨架和肌肉，促进乳腺和瘤胃发育，保持适宜膘情，12月龄理想体况评分为2.75，防止过多的脂肪沉积到乳腺，并缩短乳腺发育的最佳时间；13~15月龄达适配体重≥386 kg，体高≥130 cm。通常，育成牛开始饲喂TMR全混合日粮，根据营养需要和相关研究，结合育成牛消化生理特点，育成牛典型TMR营养指标推荐见表9-33。

表9-33 育成牛典型TMR营养指标推荐

项目	育成牛	青年牛
DMI（%体重）	2.4	2.2
粗蛋白质（%DM）	16.5	13.5
MP（g/d）	718	772
降解蛋白质（%CP）	30~50	30~38
非降解蛋白质（%CP）	33~37	25~30
TDN（%DM）	66	63
代谢能 ME（Mcal/kg DM）	2.2	2.2
维持净能 NEm（Mcal/kg DM）	1.58	1.43
增重净能 NEg（Mcal/kg DM）	0.96	0.83
NDF≥（%DM）	30	35
钙（%DM）	0.48	0.45
磷（%DM）	0.32	0.30

第九章 奶牛日粮配制技术

（三）饲草料的选择

育成牛日粮以粗饲料为主，粗饲料应选择中等质量、无霉变的干草、麦秸为常用粗饲料，以培养耐粗饲性能，提高瘤胃机能。玉米青贮根据淀粉含量控制 10~15 kg/d，麦秸 2~3 kg/d，精料 2.5~3.5 kg/d，充足矿物元素及微量元素。

（四）日粮设计

根据设定的育成牛营养需要模型，结合育成牛生理和瘤胃发育特点，选择适合的饲料原料，使用配方软件等计算工具，设计符合育成牛营养需要的日粮配方，配方示例如表 9-34。

表 9-34 育成牛日粮配方及营养价值

原料名称	配方用量	营养成分	成分含量（% DM）
玉米青贮	12	DMI（kg/d）	8.2
麦秸	2	维持净能 NEm（Mcal/kg DM）	1.481
玉米	0.5	增重净能 NEg（Mcal/kg DM）	0.897
小麦麸皮	0.2	粗蛋白质	16.6
葵粕	0.5	粗脂肪	2.4
菜粕	0.2	非纤维碳水化合物	27.5
豆粕	0.5	淀粉	17.4
棉粕	0.5	粗纤维	26.7
DDGS	0.6	中性洗涤纤维	44.5
石粉	0.1	酸性洗涤纤维	27.0
磷酸氢钙	0.1	钙	1.00
食盐	0.03	磷	0.57
膨化尿素	0.05	粗饲料 NDF	35.3
预混料	0.02	精粗比	36 : 64

(五) 饲喂管理

育成期是奶牛生长发育最快的阶段，此阶段主要任务是长骨架，而不是长膘，故应控制体重，保持适宜膘情，以 2.75~3.0 分最理想。营养以粗饲料为主，防止饲喂过多的营养而使牛只过肥，充足蛋白质、矿物元素及微量元素，目标是 12 月龄体重≥320 kg，体高≥124 cm；13~15 月龄达适配体重≥386 kg，体高≥130 cm。日增重太高，尤其是 9 月龄前，日增重超 1 kg/d，对泌乳期产奶量有较大影响。

二、青年牛营养需要与日粮配制

青年牛是指从初次配种至第一次产犊阶段的奶牛。这一阶段的奶牛正处于快速生长发育期，并且需要特别的饲养管理以确保其健康和未来的生产性能。重点是提供充足的营养，支持快速生长并控制体重，避免过肥或过瘦，并确保良好的繁殖性能。这一阶段的牛已经怀孕，饲养管理的重点是确保胎儿的健康发育，并为分娩做好准备。

(一) 青年牛的营养需要量

青年牛处理生长发育关键时期，虽然它们已经具备了繁殖能力，进入配种阶段，生长发育逐渐减慢，体躯向宽、深发展，13~15 月龄目标体重应≥386 kg，体高≥130 cm，平均产犊月龄 (24~25) 合格率≥90%，产前体重达 650 kg，初产体重 574~610 kg。青年牛能量和蛋白质营养需要量见表 9-32。

(二) 青年牛营养需要模型建立

在怀孕初期，青年牛的营养需求与育成牛差异不大，然而，在怀孕最后 4 个月，尤其是预产前 60 d，营养需求显著增加，以促进胎儿的生长发育。产前 3 周进围产群，采用低钙日粮，并保证日粮磷含量低于钙含量，防止奶牛产后瘫痪，并控制食盐和多汁饲料的饲喂量，预防乳房水肿。根据营养需要和相关研究，青年牛典型 TMR 营养指标推荐见表 9-33。

（三）饲草料的选择

青年母牛已配种受胎，在优越的饲养条件下，母牛在体内容易沉积脂肪，这一阶段奶牛既不能过肥，也不能过瘦。日粮以粗饲料为主，粗饲料应选择中等质量、无霉变的干草，麦秸为常用粗饲料。进入妊娠中期，牛体自身和胎儿发育，需要量增加，应适当提高日粮营养浓度；妊娠后期，胎儿日益长大，瘤胃受到压迫，容积变小，采食量降低，应多喂一些易于消化和营养含量高的粗饲料，且妊娠后期胎儿生长发育快，乳腺细胞也开始迅速发育，故日粮营养水平需要适当提高。

（四）日粮设计

根据设定的青年牛营养需要模型，结合青年牛生理和瘤胃发育特点，选择适合的饲料原料，使用配方软件等计算工具，设计符合青年牛营养需要的日粮配方，配方示例见表 9-35。

表 9-35　青年牛日粮配方及营养价值

原料名称	配方用量	营养成分	成分含量（% DM）
玉米青贮	15	DMI（kg/d）	13.0
麦秸	6	维持净能 NEm（Mcal/kg DM）	1.366
玉米	0.5	增重净能 NEg（Mcal/kg DM）	0.788
小麦麸皮	0.1	粗蛋白质	13.8
葵粕	0.6	粗脂肪	2.2
菜粕	0.2	非纤维碳水化合物	23.3
豆粕	—	淀粉	13.0
棉粕	1.0	粗纤维	33.1

(续表)

原料名称	配方用量	营养成分	成分含量（% DM）
DDGS	1.2	中性洗涤纤维	52.3
石粉	0.1	酸性洗涤纤维	32.8
磷酸氢钙	0.1	钙	0.74
食盐	0.03	磷	0.45
膨化尿素	0.05	粗饲料 NDF	44.3
预混料	0.02	精粗比	27∶73

（五）饲喂管理

青年牛根据月龄和妊娠分群管理，需要特别注意营养的均衡，充足矿物元素及微量元素，以支持胎儿的发育和避免过肥或过瘦，日增重以 800~900 g/d 为宜，目标是 13~15 月龄体重达适配体重≥386 kg，体高≥130 cm，体况 3.0 分，24~25 月龄产犊，产前体重达 650 kg，初产体重 574~610 kg，确保体膘 3.5 分，防止过肥，最大限度地平衡后备牛的饲养成本与其生产力和终生收益的潜力；产前 21 d 并入围产前期牛群饲养。

第四节 干奶及围产期奶牛营养需要与日粮配制

干奶及围产期是奶牛养殖的关键时期，奶牛经历了从干奶到泌乳、从怀孕到分娩、从高纤低能日粮到高能高淀粉日粮的转变，经历剧烈的疼痛和适应性生理、代谢和免疫变化，以及一系列应激，再加上泌乳的高营养需要和干物质摄入不足引起的能量负平衡（NEB）通常会导致体况损失、代谢紊乱的高风险和免疫功能的改变，增加了奶牛在哺乳早期出现代谢紊乱的可能性，在很大程度上影响着奶牛的健康。干奶及围产期奶牛的营养与饲养是确保奶牛健康、提高产奶量和繁殖性能的重要环节。

一、干奶期奶牛的营养需要与日粮配制

干奶期是指奶牛从泌乳结束到下次产犊之间这一时段，一般为产前60 d。干奶期必须采食足够的营养，以满足胎儿的生长和母牛自身的营养需要。干奶期的目标：优化采食，控制能量摄入，尽量减少产犊前DMI的下降，积蓄营养，促进胎儿生长发育，修补泌乳后期未完全补偿的体组织，修复受损的乳腺组织，恢复瘤胃功能，提高干物质采食量，防止能量负平衡的发生，从而减少产后代谢病的发病率，为下一个泌乳期能更好地泌乳打下良好的基础。

干奶期奶牛瘤胃微生物因日粮变化发生巨大变化，日粮以采食粗饲料为主，淀粉减少，造成丙酸的生成量大大减少，导致瘤胃乳头状突起萎缩，进而造成瘤胃黏膜吸收挥发性脂肪酸能力的下降。丙酸可以刺激瘤胃乳头状突起生长，恢复需要4～6周。故从干奶到高产，需要经过围产期的过渡，使瘤胃微生物适应日粮的变化。干奶到产前21 d为干奶前期，产前21 d至产犊为围产前期，产犊至产后21 d为围产后期，围产前期和围产后期统称围产期。

（一）干奶前期奶牛的营养需要

干奶前期奶牛的能量需求相对较低，适量的蛋白质，适宜的维生素和矿物质供给，以满足维持基本生理功能、免疫系统、生殖健康和胎儿发育的需要。干奶期胎儿增长明显，需要大量的蛋白质供应，乳腺组织的修复也需要一定量的蛋白质，故应适当提高蛋白质浓度，并确保饲料中有足够的粗纤维，促进反刍和消化。与NRC（2001）相比，NASEM（2021）干奶围产牛日粮能量预测和奶牛能量需要都有所提升，干奶牛能量需要量和营养物质平衡比较见表9-36。

表 9-36 NRC 与 NASEM 干奶牛能量需要量和营养物质平衡比较

干奶牛	NRC (2001)	NASEM (2021)	围产牛	NRC (2001)	NASEM (2021)
维持净能 (Mcal/d)	11.4	15.2	维持净能 (Mcal/d)	11.4	15.2
妊娠净能 (Mcal/d)	3.6	3.1	妊娠净能 (Mcal/d)	3.6	5.2
总净能 (Mcal/d)	15	18.3	总净能 (Mcal/d)	15	20.4
代谢能平衡 (Mcal/d)	6.3	5.4	代谢能平衡 (Mcal/d)	5	0.5
泌乳净能平衡 (Mcal/d)	4.5	3.6	泌乳净能平衡 (Mcal/d)	3.6	0.3
代谢蛋白平衡 (g/d)	219	373	代谢蛋白平衡 (g/d)	240	-113

注：干奶牛以体重 814 kg，妊娠天数 240 d，干物质采食量 14 kg 计；围产牛以体重 814 kg，妊娠天数 270 d，干物质采食量 13 kg 计。

NASEM（2021）模型提高了对围产期牛的日粮能量和需要量预测，预测更精准，未来在计算净能浓度或需要量时，建议使用 NASEM（2021）模型计算，以确保准确性。

（二）干奶前期奶牛营养需要模型建立

干奶牛的能量摄入量由瘤胃 NDF 填充度来决定的，干物质采食量因受到瘤胃填充度的影响而逐渐下降，如果日粮 NDF 相对较低，即使干奶牛已摄入足够能量，也不会停止采食，易导致干奶牛肥胖，故在日粮设计时，应考虑能量与干物质采食量的平衡，并限制干奶期的能量摄入量。干奶期 DMI 占体重的 1.8%～2%，粗蛋白质（12%～15%）DM，代谢蛋白（MP）（1 000～1 300）g/d，脂肪（3%～5%）DM，淀粉（12%～16%）DM，糖（3%～6%）DM，粗饲料 NDF（40%～50%）DM，其中粗饲料

DMI 应达体重的 1.6%~1.8%，全株玉米青贮饲喂量不超过粗饲料 DMI 的 50%，干草以禾本科干草或混合干草最为适宜，豆科或以豆科为主的粗饲料应不超过粗饲料 DMI 的 20%~50%。根据 NASEM（2021）和相关研究，结合本地生产实际，干奶前期奶牛营养需要推荐见表 9-37。

表 9-37 干奶围产期奶牛营养需要指标推荐

	干奶前期	围产前期		围产后期（新产）	
		经产牛	青年牛	经产牛	青年牛
DMI（kg/d）	14	12.2	12.2	20.8	17.0
净能（Mcal/d）	17.5	19.5	19.5	36.8	36.1
日粮净能（Mcal/kg）	1.30	1.50	1.50	1.70	1.70
粗蛋白质（%）	12	13	15	17.0	17.0
代谢蛋白（%）	7.2	8.6	9.2	10.5	10.5
RDP（%）	9	9	9	10.6	10.6
RUP（%）	3	5.3	5.3	6.4	6.4
淀粉（%）	14	18	18	26	26
糖（%）	4	6	6	6	6
NDF（%）	40	35	35	28~32	28~32
赖氨酸（g/d）		90	90	90	90
蛋氨酸（g/d）		31	31	31	31

（三）饲草料的选择

干奶前期奶牛的日粮基于玉米青贮和禾本科干草的混合，然后再加精补饲料，先是蛋白饲料即豆粕，然后是矿物质及维生素预混料，通常采用低钙、低钾、低盐日粮，控制多汁饲料的饲喂量，预防乳房水肿，减少低钙血症和产后瘫痪的风险。体重 1% 的长干草，最理想的应当是禾本科干草，因为豆科干草含有过量的钙和钾，而磷的含量又低，这两种情况均会提高产乳热的发生风险。应当控制玉米青贮用量。

（四）日粮设计

根据设定的干奶前期奶牛营养需要模型，结合干奶前期奶牛生理和瘤胃特点，选择适合的饲料原料，使用配方软件等计算工具，设计符合干奶前期奶牛营养需要的日粮配方，配方示例见表9-38。

表9-38 干奶前期牛日粮配方及营养价值

饲草料名称	用量（kg）	营养指标	含量（% DM）
玉米青贮	12	DMI	13.1
麦秸	4.5	泌乳净能（Mcal/kg）	1.36
燕麦草	3	粗蛋白	13.2
玉米	1.5	RDP	7.5
豆粕	0.8	钙	0.35
棉粕	0.5	磷	0.26
DDGS	0.5	NDF	50.9
食盐	0.05	ADF	30.8
膨化尿素	0.1	粗料NDF	46.9
水	3	NFC	25.8
预混料	0.05	淀粉	15.3

（五）饲喂管理

干奶前期奶牛的饲养管理是一个关键阶段，它直接关系到胎儿的正常发育、分娩和产后母牛的健康，是母牛体况和瘤胃功能恢复以及乳腺组织修复的关键时期，也是为下一泌乳期积累营养储备的重要阶段。科学合理的干奶前期管理可以显著提高母牛的生产性能和繁殖效率，减少产后代谢疾病的发生。平衡的干奶牛饲养方案可以让其在接下来的整个泌乳期内多产奶227~681 kg。干奶前期奶牛的乳腺将逐渐收缩复原，腹内的犊牛体积增大，奶牛体重开始增加，为避免代谢紊乱，应控制日增重小于0.45 kg/d。干奶期奶牛的体况应控制在3.5分以下不再增加。

二、围产期奶牛的营养需要与日粮配制

围产期奶牛的营养需求和日粮配制是确保奶牛健康、提高产奶量和减少代谢病发生的关键，决定了下一泌乳期的成败。围产期通常指奶牛产前21 d 至产后21 d，产前21 d 至产犊，是围产前期，产犊至产后21 d 是围产后期，也称新产期，这一阶段奶牛的生理状态和营养需求会发生显著变化。围产期奶牛的营养管理和日粮配制需要综合考虑能量、蛋白质、矿物质以及瘤胃适应性等因素，通过科学的日粮配制和饲养管理，可以有效减少围产期奶牛的代谢病发生率，提高其生产性能和整体健康水平。

（一）围产前期奶牛的营养需要与日粮配制

1. 围产前期奶牛的营养需要

围产前期奶牛的营养需要是确保其顺利分娩和产后健康的关键因素。围产前期，胎儿的营养需要不断增加，这个时期奶牛开始分泌初乳，内分泌也发生急剧变化，导致产前干物质采食量下降，产犊后，如果瘤胃功能和采食量不能迅速适应和恢复，不可避免地就会发生能量负平衡，能量负平衡将持续影响奶牛产后的泌乳和繁殖性能。此外，大部分奶牛在产后几天内都会经历血钙浓度降低的过程，而低血钙是多种代谢疾病发病的直接原因或诱因，易诱发酮病、胎衣不下、乳房炎等疾病，严重的引起产后瘫痪。

适当的体脂储备对获得更高的泌乳高峰期产量至关重要，但切忌将围产期牛养得过肥，围产前期体况过肥可能导致分娩困难及多种代谢疾病的发生。在围产前期，奶牛的生理和代谢状态发生显著变化，包括胎儿的快速发育、乳腺的恢复以及初乳的合成等，对能量和蛋白的需求都在不断地增加，但由于采食量下降严重，导致能量和蛋白供需失衡。为满足此阶段奶牛的营养需要，最大程度降低产后能量负平衡，因此在围产前期应适当提高日粮能量浓度，为应对产后能量负平衡做一定的能量储备。初产牛摄入的营养物质除供给胎儿生长需要外，还要满足自身生长发育的需求，故初产奶牛对能量和蛋白的需要高于经产奶牛。围产前期日粮应由高纤低能日粮向高精料日粮过渡，以促进瘤胃微生物及瘤胃乳头的恢复，同时降低由日粮结构突变所导致的应激，激发奶牛自身免疫系统，降低产后代谢类疾病的发病率。同时采用低钙日粮，使钙磷比达到1∶1，以刺激甲状旁腺素的分泌，加强骨骼中钙的动员，增加血钙浓度，预防产乳热。围产前期奶牛的营养需要见表9-36：NRC与NASEM干奶牛能量需要量和营养物质平衡比较。

2. 围产前期奶牛营养需要模型建立

在围产前期，奶牛应尽可能保持胃肠充盈，以避免过度消耗能量；奶牛可以在不同的日粮浓度下采食足够的能量来满足营养需要，围产前期牛摄入的能量很容易超过它们的需要量，如表9-39所示。

表9-39 泌乳净能和粗饲料NDF预测的DMI和泌乳净能摄入量

泌乳净能 (Mcal/kg DM)	粗饲料NDF (%DM)	干物质采食量预测 (kg/d)	泌乳净能摄入量 (Mcal/d)
1.5	55	11.4	17.1
1.6	50	12	19.2

(续表)

泌乳净能 (Mcal/kg DM)	粗饲料 NDF (%DM)	干物质采食量预测 (kg/d)	泌乳净能摄入量 (Mcal/d)
1.7	45	12.4	21.1
1.8	40	12.8	23

注：使用 2021 版 NASEM 计算体重 700 kg、妊娠天数 265 d 的荷斯坦奶牛的能量需要量。

围产前期奶牛干物质采食量通常在产前 2.5 周左右开始下降，而且采食量的降低幅度和日粮 NDF 呈负相关，NDF 越高，降低幅度或速率越低，干物质采食量越高的牛下降幅度越大；产前 1 周时，不同 NDF 水平的日粮干物质采食量都一样，干物质采食量大约是体重的 1.65%，围产前期奶牛的干物质平均采食量为体重的 1.5%~1.7%，NE_L 为 1.62 Mcal/kgDM。根据 NASEM（2021）和相关研究，围产前期奶牛营养需要推荐见表 9-37。

3. 饲草料的选择

在围产前期奶牛日粮中，需要适量添加消化率相对低的禾本科牧草，以确保瘤胃充盈度并促进瘤胃垫的形成，这样才可以避免真胃变位情况发生。控制玉米青贮用量，不推荐饲喂苜蓿草，因其含钙量高、含钾量高，多以麦秸为主。对草料及饲料进行合理搭配，以使钙的总供应量达 0.45%~0.55%，磷的日供应量 0.30%~0.32%。不建议给围产前期奶牛直接饲喂泌乳高峰期全混合日粮。过量摄入钾会引起乳房水肿，奶牛对钾的摄入总量不应超过 250 g/d。给围产前期奶牛饲喂高钾牧草会降低镁的利用率，抑制奶牛骨钙的消融机制。为防止乳胀热，产前必须激活骨钙消融机制。

4. 日粮设计

良好的围产前期日粮和管理，可提高泌乳高峰奶量 4 kg，也就意味着胎次奶量提高 1 t，故应高度重视围产期日粮设计与制作。

围产前期日粮要比干奶前期日粮富含更高的能量和蛋白，尤其能量要逐步提高，钙和磷含量维持不变，逐渐接近新产牛日粮。根据设定的围产前期奶牛营养需要模型，结合围产前期奶牛生理和瘤胃特点，选择适合的饲料原料，使用配方软件等计算工具，设计符合围产前期奶牛营养需要的日粮配方，配方示例见表9-40。

表9-40 围产前期牛日粮配方及营养价值

饲草料名称	用量（kg）	营养指标	含量（%DM）
玉米青贮	12	DMI	12.2
麦秸	2	泌乳净能（Mcal/d）	19.73
燕麦草	2.2	泌乳净能（Mcal/kg）	1.52
玉米	2.0	粗蛋白	15.1
豆粕	1.0	RDP	8.6
棉粕	0.6	小肠可代谢蛋白（g/kgDM）	82.1
甜菜颗粒粕	1.2	NDF	44.7
全棉籽	1.0	ADF	27.0
DDGS	0.5	Ca	0.50
膨化尿素	0.05	P	0.30
石粉	0.05	粗料NDF	32.1
食盐	0.02	NFC	29.8
预混料	0.05	淀粉	18.2
水	4	精粗比	44∶56

5. 饲养管理

围产前期奶牛应单独组群饲养，条件允许应将青年牛与成母牛分开饲养，根据奶牛体况，制定不同的饲喂方案，提高干物质采食量是围产期饲养的关键，青年围产牛平均干物质采食量应达12 kg，经产围产牛平均干物质采食量应达13.5 kg左右，保证奶

第九章 奶牛日粮配制技术

牛在分娩时的体况评分介于 3.25~3.75。

为避免围产前期奶牛乳房过度水肿，应控制日粮中的钠和钾等阳离子的含量，最好选择钾含量低的牧草，如燕麦草，对于产后瘫痪发病率较高的牛场，还应将日粮中的钙含量降为 20~40 g/d，磷为 30 g/d，钙磷比约 1:1；如果已发生过度乳房水肿，则需要酌情减少精料饲喂量，特别是要降低日粮中淀粉含量。总之，应根据奶牛的健康状况灵活饲养，切不可生搬硬套。

围产期日粮中应添加充足的维生素和微量元素，以有机微量元素效果更佳；分娩前应给奶牛补硒及维生素 A、维生素 D、维生素 E 作为产前保健程序，不但可以提高新生犊牛的成活率和健康水平，同时也可以降低新产牛乳房炎、胎衣不下和产乳热等发病率，加速新产牛子宫恢复，提高产奶量和产后配种的受胎率。

(二) 新产期奶牛的营养需要与日粮配制

1. 新产期奶牛的营养需要

新产期是奶牛产犊后的恢复阶段，分娩时体力消耗大，经历了分娩时的疼痛，应激反应强烈，食欲减退，免疫力下降，产奶量快速增加，营养负平衡严重，尽可能给奶牛提供优质苜蓿草和优质燕麦草，恢复瘤胃功能，提高干物质采食量，促进奶牛体质尽快恢复，降低产后疾病的发病率，尽快彻底排出恶露，恢复繁殖机能，为即将到来的泌乳高峰期奠定良好的基础。产后 2~4 周，产奶量快速上升，新产牛能量和 MP 存在严重负平衡，为适应泌乳需要，奶牛机体内葡萄糖、脂类物质、蛋白质和矿物质均发生显著变化，为满足这种变化必须通过生理适应性调节机制来确保这些营养供给。其中，产犊后对体脂的动员是重要的调节机制之一。

2. 新产期奶牛营养需要模型建立

产后奶牛开始大量泌乳，但采食量尚未恢复，营养摄入与需求失衡，为满足低采食量下奶牛的营养需要，此时应逐渐提高新产牛日粮的营养浓度，使日粮水平应居于围产前期与高产泌乳牛日粮之间，尽量降低奶牛在此阶段的体况损失，维持纤维的"健康"水平，不应含有太多的高度可发酵淀粉，避免淀粉水平过高而造成奶牛厌食、酸中毒和波动性采食的风险，保证奶牛健康。为缓解产后能量负平衡所导致的体况损失，可以在日粮中添加适量的过瘤胃脂肪。新产牛日粮应参考干奶期和高产奶牛日粮的情况制定，营养浓度介于干奶期和高产奶牛日粮之间，粗饲料比干奶期日粮少，可发酵碳水化合物高于干奶期、低于高产奶牛日粮，以支持快速增加 DMI，同时保持瘤胃上皮的完整性和瘤胃健康，保证能量和代谢蛋白最大限度供应，以支持奶牛生产性能的发挥和繁殖功能恢复；新产牛日粮干物质中 NDF 28%~36%，peNDF≥21%，淀粉 18%~23%，脂肪 4%~6%，糖 4%~8%，钙 0.7%~0.8%，钙磷比约 1.5∶1。根据 NASEM（2021）和相关研究，结合生产实际，新产期奶牛营养需要推荐见表 9-37。

3. 饲草料的选择

新产牛日粮需要优质牧草，使干物质采食量能尽快达到采食高峰，对于降低能量负平衡、提高高峰奶量、避免真胃移位都有好处；但新产牛中粗饲料比例要合适，避免影响到瘤胃健康。粗饲料以优质苜蓿草搭配优质燕麦草为佳，可在产房一端均匀投放优质燕麦草，供新产牛随意采食，燕麦草可溶性碳水化合物含量高，适口性好，且有柔韧性，有助于刺激反刍，与优质苜蓿草合理搭配，有利于提高干物质采食量。

4. 日粮设计

配制新产牛日粮时，应优先考虑：满足其对纤维素及蛋白质的最低需求量,同时使能量摄入达到最大,在适宜的干物质摄入水平下,平衡碳水化合物及蛋白质间的比例。根据设定的新产牛营养需要模型,结合新产牛生理和瘤胃特点,选择适合的饲料原料,使用配方软件等计算工具,设计符合新产牛营养需要的日粮配方,配方示例如表9-41所示。

表9-41 新产牛日粮配方及营养价值

饲草料名称	用量(kg)	营养指标	含量(%DM)
玉米青贮	18	DMI	18.8
苜蓿	3.0	泌乳净能(Mcal/d)	31.5
燕麦草	1.0	泌乳净能(Mcal/kg)	1.68
玉米	5.0	粗蛋白	17.5
豆粕	1.5	RDP	11.0
棉粕	1.6	RDP/CP(%CP)	62.7
甜菜颗粒粕	0.5	NDF	35.4
全棉籽	2.0	ADF	22.9
石粉	0.15	粗料NDF	23.5
磷酸氢钙	0.25	NFC	35.5
食盐	0.02	淀粉	24.9
预混料	0.10	钙/磷	0.96/0.58
水	5	精粗比	52:48

5. 饲养管理

新产牛以奶牛健康为中心,应有足量的物理有效纤维保证瘤胃健康,增加日粮的浓度以弥补较低的采食量,添加酵母培养物以促进细菌对纤维的消化,使日粮营养水平应居于围产前期与高产泌乳牛日粮之间。及时推料以刺激食欲,使新产牛随时都能采食到新鲜适口的饲料,使其干物质采食量尽快达到最大,饲喂量应控制在5%~10%的剩料率,以防止发生空槽,并保证新产牛随时能自由采饮到新鲜、清洁、温凉的水。

第五节　泌乳期奶牛营养需要与日粮配制

为实现奶牛精准饲养，应根据奶牛的生产性能和生理阶段进行合理分群，将产奶量相近、生理阶段相似和体况相同的奶牛组合成群，饲喂满足其营养需要的日粮，以满足不同群体、不同生理阶段和不同体况奶牛的营养需要。

常见的分群原则是根据泌乳天数，结合产奶量和体况评分，将泌乳牛群分为新产期、泌乳高峰期、泌乳中期和泌乳后期等群体，根据产奶量，设计满足其营养需要的日粮。

一、泌乳高峰期奶牛营养需要与日粮配制

（一）泌乳高峰期奶牛营养需要

泌乳高峰期一般是指奶牛产后 21~100 d 的这段时间，经产牛一般在产后 40~60 d 达泌乳高峰，头胎牛较经产牛迟，一般在产后 80~100 d 达泌乳高峰，但干物质采食量还未恢复到高峰，存在一定的营养负平衡，以能量和蛋白表现突出。因此，在泌乳高峰要保证能量和蛋白的平衡供给，尽量减少奶牛对体脂和体蛋白的过度消耗，应根据奶牛机体的代谢特点和营养需要及时调整奶牛的营养供给。

泌乳高峰期的目标是使奶牛产奶量快速上升进入泌乳高峰期，保持较好的泌乳持续力，使奶牛泌乳性能得到有效发挥，同时维持良好体况，避免体重下降严重。因此，泌乳高峰期奶牛日粮配制，首先应提高日粮能量浓度，将体脂的动员降到最低；其次要保证奶牛对蛋白质营养需要，使产奶量维持在较高水平而不会快速下降，故有"高峰看能量，持续看蛋白"之说。

泌乳高峰期，奶牛对能量和蛋白的需要量很大，即使达到最

第九章　奶牛日粮配制技术

大采食高峰，也仍然无法满足泌乳对能量和蛋白的需要量，且以蛋白质缺乏最为严重，因为能量缺乏会动用体脂储备，且体蛋白用于合成乳的效率比体脂肪低，加之体内储备量较少，所以必须高度重视日粮蛋白质供应。泌乳期不同产奶量奶牛的营养需要见表 9-42。

表 9-42　泌乳期不同产奶量奶牛的营养需要

产奶量(kg)	乳脂率(%)	乳蛋白率(%)	DMI(kg)	体重变化(kg)	NE_L(Mcal/d)	RDP(%)	RUP(%)	CP(%)
55	3.5	2.5	30.2	0.1	47.1	9.8	5.2	15.0
		3.0	30.2	-0.2	48.7	9.8	6.8	16.6
	4.0	3.0	31.7	-0.5	51.2	9.7	6.4	16.0
		3.5	31.7	-0.8	52.8	9.7	7.9	17.5
45	3.5	2.5	26.9	0.7	40.4	10.1	4.3	14.4
		3.0	26.9	0.4	41.8	10.1	7.2	17.3
	4.0	3.0	28.1	0.3	43.8	10.0	5.5	15.4
		3.5	28.1	0	45.2	10.0	6.9	16.8
35	3.5	2.5	23.6	1.2	33.4	10.4	3.4	13.8
		3.0	23.6	1.0	34.8	10.4	4.7	15.1
	4.0	3.0	24.5	0.9	36.5	10.3	4.4	14.7
		3.5	24.5	0.7	37.5	10.3	5.7	16.0

（二）泌乳高峰期奶牛营养需要模型建立

为满足不同产奶量奶牛营养需要，应根据泌乳天数，并结合产奶量和体况，合理分群，一般日粮营养水平设计比牛群平均产奶量高 30%~35%，根据泌乳高峰期奶牛营养需要和生理代谢特点，营养需要指标推荐见表 9-43。

表 9-43 泌乳期不同产奶量奶牛的营养需要指标推荐

项目	泌乳高峰期	泌乳中期	泌乳后期
DMI（kg）	28.4	27.4	20
产奶量（kg）	55	43	25
NDF（% DM）	28	30	32
淀粉（% DM）	28	24	22
糖（% DM）	6	5	4
粗蛋白（% DM）	17.4	17.5	16
代谢蛋白 MP（% DM）	10.2	10.1	10
RDP（% DM）	10	10	10
RUP（% DM）	7.4	7.5	6.5
泌乳天数（d）	100	150	250
泌乳净能 NE_L（Mcal/kg DM）	1.75	1.65	1.60

（三）饲草料的选择

泌乳高峰期奶牛对能量和蛋白的需要量很大，存在营养负平衡，故应选择适口性好的高能量饲料，并适当增加饲喂量，将体脂储备的动用降到最低。由于高能量饲料基本属于精饲料，而精饲料饲喂过多会对奶牛健康产生很大危害，故应控制精饲料饲喂量，可添加植物源性过瘤胃脂肪，添加适量小苏打等缓冲剂；产奶量超过 40 kg/d 的奶牛，日粮中还应补充过瘤胃胆碱、过瘤胃蛋氨酸等。

（四）日粮设计

在配制泌乳高峰期奶牛日粮时，应优先考虑：满足其对能量和蛋白质的最低需求量，同时使干物质采食量尽快达到最大，平衡碳水化合物及蛋白质间的比例，并使 RDP 与 RUP 保持平衡。根据设定的泌乳高峰期奶牛营养需要模型，结合泌乳高峰期奶牛生理和代谢特点，选择适合的饲料原料，使用配方软件等计算工具，设计符合泌乳高峰期奶牛营养需要的日粮配方，配方示例见表9-44。

表9-44 泌乳高峰期奶牛日粮配方及营养价值

饲草料名称	用量（kg）	营养指标	含量（% DM）
玉米青贮	28	DMI	28.5
苜蓿	5.0	泌乳净能（Mcal/d）	46.9
玉米	7.0	泌乳净能（Mcal/kg）	1.65
豆粕	2.0	粗蛋白	17.0
棉粕	2.5	RDP	10.5
甜菜颗粒粕	3.0	RDP/CP（% CP）	61.4
全棉籽	2.0	NDF	34.6
石粉	0.30	ADF	22.3
磷酸氢钙	0.25	粗料NDF	21.5
酵母培养物XPC	0.02	NFC	36.5
食盐	0.2	淀粉	23.8
碳酸氢钠+氧化镁（3:1）	0.25	钙	0.98
预混料	0.10	磷	0.47
水	6	精粗比	55:45

（五）饲养管理

泌乳高峰期奶牛应增加TMR投喂次数和推料次数，保证奶牛随时能够吃到新鲜的饲料，提高干物质采食量，尽早达到并维持泌乳高峰，可适当补充过瘤胃蛋氨酸、酵母培养物和糖蜜等，提高日粮营养浓度和干物质采食量，尽量减少体脂动员，做好奶牛产后发情监测，提高发情揭发率，优化繁殖管理，缩短产犊间隔，提高受胎率。

二、泌乳中后期奶牛营养需要与日粮配制

（一）泌乳中后期奶牛营养需要

泌乳中期主要是指产后 101~200 d 这段生理时期，在这一阶段产奶量逐渐开始下降，每月下降 5%~7%，此时奶牛处于妊娠前期，食欲旺盛，摄取的营养物质除用于泌乳外，还在体内蓄积一部分，以补充在新产期和泌乳前期出现的营养负平衡。泌乳中期奶牛应首先保证自身和瘤胃健康，恢复体膘，日增重在 100~200 g，此时理想体况评分是 2.75~3.25 分，产奶量尽量稳定在高峰期的产量或尽量少下降，一般每 10 d 下降 3% 以内，高产奶牛不超过 2%。

泌乳后期通常是指泌乳 201 d 至干奶这段生理时期，此时奶牛进入妊娠中后期，营养需要明显增加，应保证奶牛自身和胎儿的健康，逐渐恢复体膘，日增重达到 500~700 g，此阶段奶牛理想的体况评分是 3.0~3.5 分；产奶量继续下降，干物质采食量也逐步降低，应注意调整日粮结构，降低营养浓度，防止过肥，并采取必要措施控制产奶量下降，控制产奶量平均每月下降 6%（头胎牛）~9%（经产牛）。

泌乳后期是奶牛获得理想体况的最佳时机，在泌乳的同时可以使之增加膘情，饲料效率最高。建议在饲养标准基础上，头胎牛的营养水平增加 30%~40%，二胎及以上奶牛增加 20%，这样做是较为经济的，在泌乳的同时保证干奶前 30 d 时，奶牛的体况评分不低于 3.25 分。泌乳中后期奶牛的营养需要见表 9-42。

（二）泌乳中后期奶牛营养需要模型建立

为满足不同产奶量奶牛营养需要，应根据泌乳天数，并结合产奶量、妊娠和体况，合理分群，一般日粮营养水平设计比牛群平均产奶量高 30%~35%，根据泌乳中后期奶牛营养需要和生理

代谢特点,营养需要指标推荐见表9-43。

(三) 饲草料的选择

泌乳中后期是奶牛调整体况最佳时期,泌乳中后期日粮建议单独配制,合理分群,根据体况饲喂不同日粮,使奶牛在干奶前恢复至正常体况。一是帮助奶牛达到恰当的体脂储备;二是通过减少饲喂价格高昂的饲料,降低饲养成本;三是增加粗饲料比例,确保奶牛瘤胃健康、自身健康以及胎儿的正常生长。

(四) 日粮设计

在配制泌乳中后期奶牛日粮时,应遵循以下几点。

①若饲喂优质粗饲料,精饲料的比例可以下降10%,若饲喂劣质粗饲料,精饲料的比例可以上调10%。

②此阶段奶牛处于能量正平衡状态,奶产量逐渐下降,应合理控制精饲料喂量,保证泌乳和体况恢复,避免过肥。

③适当降低日粮能量、蛋白质水平,增加青粗饲料喂量。

泌乳中后期奶牛配方示例见表9-45。

表9-45 泌乳中后期奶牛日粮配方及营养价值

饲草料名称	泌乳中期	泌乳后期
玉米青贮 (kg)	28	24
苜蓿 (kg)	2	0
麦秸 (kg)	2.5	5.5
玉米 (kg)	6	5
豆粕 (kg)	1	0
棉粕 (kg)	1.5	2.2
喷浆玉米皮 (kg)	2	3
DDGS (kg)	2	2
全棉籽 (kg)	1	0
膨化尿素 200CP (kg)	0.15	0
石粉 (kg)	0.35	0.4

(续表)

饲草料名称	泌乳中期	泌乳后期
磷酸氢钙（kg）	0.15	0
食盐（kg）	0.1	0.1
碳酸氢钠+氧化镁（3:1）（kg）	0.25	0.20
预混料（kg）	0.1	0.1
水（kg）	3	5
干物质合计	25.2	23.4
泌乳净能（Mcal/d）	40.4	35.4
泌乳净能（Mcal/kg）	1.60	1.56
粗蛋白（% DM）	16.6	15.2
RDP（% DM）	10.3	7.8
RDP/CP（% CP）	62.0	54.1
NDF（% DM）	37.6	42.0
ADF（% DM）	21.9	23.4
粗料 NDF（% DM）	25.1	28.7
NFC（% DM）	34.1	32.4
淀粉（% DM）	25	23.2
钙（% DM）	0.91	0.84
磷（% DM）	0.48	0.41
精粗比	51:49	49:51

（五）饲养管理

泌乳中后期更应使奶牛保持合适的体况，如果这一阶段奶牛体况差异较大，则最好分群饲养，以便根据体况饲喂不同日粮配方，尽量使奶牛在干奶前就恢复到正常体况。这在经济、饲料利用率上，乃至对奶牛的健康和持续高产等方面都是有利的。

第十章 奶牛精准饲喂关键技术

奶牛精准饲喂关键技术是奶牛养殖业转型升级的关键环节，在规模化牧场中，如果能够实现精准饲喂，就能让奶牛保持适宜的体况，也就等于实现了高产奶量、高牛奶品质、高饲喂效率和低成本。通过科学的饲料配方和管理手段，提高奶牛的生产效率、健康水平以及经济效益。

第一节 奶牛分群饲养管理技术

合理分群是实现精准饲喂的关键，按照奶牛的生理阶段和生产性能进行合理分群，减少同群牛个体间的差异，提高饲喂效率。奶牛的分群饲养可以根据奶牛的产奶量、泌乳期、健康状况等因素进行分类。通过分群饲养，可以根据不同阶段奶牛的需求，为其提供适合的日粮，降低饲料成本，更好地满足奶牛的营养需求，从而提高生产性能。

奶牛分群饲养有助于更好地管理奶牛，更好地对奶牛进行观察和监测，及时发现问题并进行处理。另外，分群饲养还可以减少奶牛之间的竞争，提高饲料的摄食率，保证奶牛的健康和生产。

合理分群还可以优化牛群结构，牛场的牛只体况和生产性能差异较大，不分群饲喂同一个配方，会进一步扩大牛只体况和生产性能的差异，瘦的更瘦，胖的更胖，增加被动淘汰，即使不淘汰，也会影响生产性能和使用年限。定期对奶牛生长、生产、体况评分和营养评估，结合奶牛的实际采食情况和生产性能数据，持续优化日粮配方，以提高生产效率。同时应考虑季节变化、气候条件对奶牛的影响，适时调整饲喂量和饲料类型。

通常后备母牛按生理发育阶段分群，分为哺乳犊牛（0~2月龄）、断奶犊牛（3~6月龄）、育成牛（7月龄至配种）、青年牛（妊娠至产犊）；成年母牛按泌乳阶段分群，分为干奶前期（产前60 d至产前21 d）、围产前期（产前21 d至产犊）、新产牛（产犊至产后21 d）、泌乳前期（头胎、经产）、泌乳中期、泌乳后期等群体。

一、哺乳犊牛营养与饲喂关键点

①犊牛出生 1 h 内灌服 3~4 L 优质初乳（IgG≥50 g/L，Brix≥22%），12~24 h 再灌服 2 L 初乳。8 h 后开始饲喂常乳或代乳粉，日哺乳量为初生重的10%~15%，每日喂2~3次，初乳、常乳及代乳粉均应巴氏杀菌，奶温应控制在（38±1）℃。

②犊牛饲喂初乳后 24~72 h，采集至少 12 头临床表现健康的犊牛静脉全血 8~10 mL，分离血清，检测血清中的抗体，若血清总蛋白 7.5 g/dL>STP≥5.5 g/dL 或 Brix≥8.4%，判定犊牛被动免疫成功，被动免疫成功率应≥95%。

③犊牛常采用犊牛岛饲养，一犊一岛，从 3 日龄开始补饲和饮水，开食料自由采食，清洁饮水自由饮用。通常，犊牛每采食 1 kg 开食料，需要饮水 4 L，若水供应不足，将降低开食料的采食。引导犊牛采食更多开食料，促进犊牛瘤胃内壁乳突发育。

④哺乳犊牛通常不建议饲喂粗饲料，因为哺乳犊牛瘤胃功能不健全，促进瘤胃内壁乳突发育的是谷物饲料（开食料），不是牛奶，也不是粗饲料。过早补饲粗饲料，会降低日粮消化率并影响开食料的摄入，不利于犊牛瘤胃发育。如补饲干草，建议 1 月龄开始少量补饲优质燕麦草。

⑤哺乳后期应逐渐减少牛奶的喂量，保证充足的清洁饮水，可以提高犊牛开食料采食量，开食料采食量越多，瘤胃内壁乳突发育越快，为下一步培养瘤胃微生物打基础。

⑥断奶体重是初生重的 2 倍以上，体高超 90 cm，且连续 3 d 开食料采食量达 1.2 kg/d 以上，即可断奶，保持原圈原料饲喂 7~10 d 后，转断奶牛舍，切忌断奶后立即转舍。哺乳犊牛目标日增重应达到 0.85~0.95 kg，合格率≥90%，成活率≥98%，腹泻率<15%，肺炎发病率<10%。

二、断奶犊牛营养与饲喂关键点

断奶犊牛是生长发育最快的时期，因日粮由固体饲料和液体饲料变为单纯的固体饲料，对其消化系统产生较大应激，易引起犊牛机体免疫力降低，导致死亡率升高。

1. 断奶初期（60~75 d）犊牛

断奶犊牛保持原圈原料饲喂 7 d 后，转断奶牛舍小群饲养，占地面积≥4 m^2/头，10~15 头/圈，为减少转群应激，继续饲喂开食料 3 d 后开始过渡换断奶犊牛料。开食料：断奶犊牛料 2∶1 喂 2 d，开食料：断奶犊牛料 1∶1 喂 2 d，开食料：断奶犊牛料 1∶2 喂 2 d，第 10 d 全部饲喂断奶犊牛料，开食料目标采食量为 1.5~2.5 kg/d，24 h 饮水量目标为 6 L。

2. 断奶中期（76~120 d）犊牛

在开食料促进瘤胃内壁乳突发育基础上，此阶段的饲养目标是进一步培养瘤胃微生物并扩大瘤胃容积，故需要从 76 日龄开始给断奶犊牛补饲优质干草，以刺激反刍和培养瘤胃中的纤维分解菌。此阶段断奶犊牛料的目标采食量是 2.5~3.5 kg/d，优质干草自由采食，以优质燕麦草为最佳，在不断增大瘤胃容积的同时兼顾干物质采食量和营养浓度，以满足断奶犊牛的营养需要。

3. 断奶后期（120~180 d）犊牛

4月龄以后犊牛根据月龄和体高分群饲养，20~30头/圈，开始饲喂由干草和精料组成的全混日粮，进一步增大瘤胃容积和继续培养瘤胃微生物。此阶段犊牛的目标干物质采食量是4~5.5 kg/d，NE_L：1.7 Mcal/kg，CP ≥ 18.5%，目标日增重是0.85~1.05 kg。

断奶犊牛是骨骼和肌肉快速生长发育的时期，此期应关注骨骼和肌肉的生长，需要日增重但绝不是肥胖，控制体况在3.0~3.25分，防止出现肥胖或草腹现象。

6月龄犊牛

目标体重≥180 kg，体高≥105 cm，胸围≥128 cm。

断奶犊牛不推荐饲喂青贮饲料，因为青贮饲料干物质含量低，瘤胃容积有限，饲喂青贮会降低犊牛的干物质采食量，不能满足犊牛快速生长发育的营养需要。

三、育成牛营养与饲喂关键点

育成牛的瘤胃经过6个月的培养，功能日趋完善，瘤网胃比例基本与成母牛相似，相对容积仍在增加，可以适应干草、青贮等多种日粮结构，推荐从7月龄开始饲喂青贮。日粮粗饲料比例高，反刍时间较长，占全天时间的1/3左右，12月龄以后，育成牛的消化器官发育接近成熟。

（一）育成牛生长调控

育成牛是生长发育最快的时期，抗病力强，营养应满足其快速生长需要，避免生长发育受阻，影响终身生产性能的发挥。饲养目标是13~15月龄达成母牛体重的55%~60%，经测算，新疆石河子荷斯坦奶牛成年体重约680 kg，13~15月龄适配体重≥380 kg，体高≥130 cm。

第十章 奶牛精准饲喂关键技术

（二）育成牛营养调控

育成牛虽然可以较好地利用粗饲料，但在育成前期瘤胃容积有限，单纯靠粗饲料不能完全满足其快速生长需要，故应在日粮中补充适量的精补料。精补料的喂量根据粗饲料质量、体况评分以及生长速度进行适时调整，如果粗饲料质量较好，首蓿干草+玉米青贮，牛只生长正常，精补料仅需 0.5~1.5 kg/d 即可；如果饲喂麦秸等劣质干草，牛只生长缓慢，精补料则需 2.0~2.5 kg/d，使日粮蛋白含量达 14%~16%。日粮能量不宜太高，以免脂肪过度沉积，影响生殖器官和乳腺的发育；同时要控制日粮中低质粗饲料用量，防止形成"草腹"。

（三）育成牛的精准饲喂

育成牛应根据不同月龄和体重分群管理，参考体高进行调整。瘦牛和胖牛单独成群，月龄相近、体况相似的牛分在同一群内，以便于饲养管理和调整体况。保持圈舍卫生和牛床平整舒适，控制日增重达 0.75~0.85 kg，防止出现营养不良导致的生长受阻和过度营养导致的肥胖现象。8~10 月龄是乳腺发育的关键时期，此时的日增重不能过高，不宜超过 800 g/d，防止脂肪沉积于乳腺，影响乳腺发育。

13~15 月龄达到适配体重和体高要求的健康牛只，做好发情鉴定，一旦发情，要及时配种，配种后 28 d 用 B 超或配种后 2 个月通过直肠检查技术进行早期妊娠诊断，做好记录和标识，未孕牛只继续在育成圈饲养，并加强繁殖管理，已孕牛只转青年牛群饲养。

四、青年牛营养与饲喂关键点

青年牛是指初配已孕至初次产犊的母牛，即 13~15 月龄已配种受孕至 22~24 月龄产犊前的牛只，青年牛体躯显著向宽、深方向发展。

(一) 青年牛的营养调控

妊娠前期仍可按育成牛营养需要进行饲养,妊娠中期(4~5个月),因牛只自身和胎儿均处于发育期,可增加 0.5 kg/d 的精补料,适当提高日粮营养浓度;妊娠后期(6~9个月),由于胎儿的快速发育和牛只自身的生长(1.2~1.5 kg/d),需要增加 1.0 kg/d 的精补料,此时,由于胎儿日益长大,瘤胃受到压迫、容积变小,采食量下降,应多喂一些易于消化和营养浓度高的优质粗饲料,此阶段还需适当提高日粮蛋白质水平。如果此期营养不良,将影响青年牛初产体重和胎儿发育,但营养过高,将导致肥胖,引起难产和产后综合征等。

青年牛产前 4 周转围产,按围产期营养与管理单独分群饲养。

(二) 青年牛的精准饲喂

青年牛根据怀孕月龄分群饲养,加强营养与舒适度管理,禁止饲喂霉变和冰冻饲草料,防止流产,控制日增重 0.8~1.3 kg,控制青年牛不能过肥,确保初产体重达到成母牛体重的 82%~85%,即 567~590 kg,体况评分 3~3.5 分。

五、泌乳牛营养与饲喂关键点

(一) 新产牛独立分群饲养

新产牛刚刚经历了产犊时疼痛应激,在经历了干奶围产期后瘤胃乳头尚未适应新产日粮,且因为低采食量正处于严重的营养负平衡阶段,为减少应激并控制营养负平衡,需要将新产牛单独分群饲养,饲喂专门的新产日粮,提供相对高产牛更大的采食空间和更低的饲养密度,有利于产后护理、采食量监控以及健康监测,另外在此阶段也可以饲喂一些强化瘤胃功能的添加剂来帮助瘤胃功能恢复。有分群条件的，将头胎新产和经产新产分开饲养，有利于头胎牛生产潜力的发挥。

新产牛一般涉及转高产，何时适宜转高产，通常以干物质采食量是否达到18 kg为标准，采食量18 kg以上才能转入高产，通常需要3周时间，如果泌乳天数过短或采食量没有达到标准就转高产会影响高峰产奶量。

（二）泌乳牛分群饲养

泌乳牛通常根据泌乳天数、产奶量和体况评分，分为泌乳盛期、泌乳中期和泌乳后期，即高产、中产和低产群。

新产转高产后，在牛场圈舍条件允许时，头胎牛与经产牛分群是牛场首先应当考虑的，可以饲喂同一种高产日粮，但建议分群饲养。因为头胎牛个头和体重较经产牛小，与经产牛混养时社会地位较低，往往在采食和休息时与经产牛相比，属弱势群体，不具竞争优势，导致采食量降低和休息时间减少，影响生产性能的发挥。头胎牛单独饲养时，采食量和休息时间增加，产奶量以及后期产奶潜力可以得到充分发挥；且头胎牛仍然需要部分营养物质用于自身生长，所以营养上尤其是蛋白质需要量比经产牛更高，有条件的可以根据头胎新产牛的营养需要，制作专门头胎新产日粮，更有利于发挥头胎牛生产潜力。因此，头胎牛和经产牛分开饲养，对牛场的管理和效益都是有利的。

高产牛群产奶量经过新产期的上升期后开始快速升高，经产牛通常产后40~60 d达泌乳高峰，头胎牛一般在产后70~90 d达泌乳高峰，并持续3~4周后开始缓慢下降，故泌乳天数150 d前，无特殊情况，一般不建议调群。

对于泌乳天数150 d以上牛只，查询最近3次产奶量数据（如果是每天都有产奶量时，建议以1周的平均奶量为1次，连续3周），早上挤完奶现场检查每头牛的体况、乳房情况和健康情况并做记录，统计3分以下和3.25分以上健康牛只的产奶量，

3分以下体况较差牛只，继续留高产群，饲喂高产日粮，体况调整至3分时，根据产奶量调整到相应的牛群饲养；体况3分以上、产奶量介于高产和低产之间的，调入中产群饲养；体况3分以上、产奶量低于中产的，和体况3.5分以上的，不考虑奶量高低，都直接调入低产群；每月梳理调整1次，不建议频繁调群，调群通常采用圈动、牛不动的方式，以尽量减少应激。

上述分群操作也不是绝对的，如果存在遗传性低产牛只，即使处于泌乳前期，也应及时挑出转入中低产。分群工作具一定的灵活性，操作人员在充分理解的基础上，根据牛场圈舍条件，合理分群。

为提高牛群生产性能，建议组建牛场核心牛群，优化牛群结构，尤其在奶业行情低迷时期，加强选种选配，选择健康高产牛只组建核心群，优先以核心群牛繁育后代并进行筛选，增加主动淘汰，不断扩大核心牛群比例，最终达到全群高产、共用一种日粮饲养模式。

第二节　奶牛母子一体化养殖关键技术

一、技术概述

在奶业振兴战略实施中，奶牛围产期营养与管理和犊牛营养与培育是影响奶业发展的关键环节之一。围产后期奶牛日粮营养浓度与犊牛初生体重关系密切，从奶牛产后健康角度而言，奶牛日粮能量浓度要同时从母牛和犊牛两个角度考虑，二者达到平衡点才能实现共赢。

奶牛母子一体化理念可以指导生产，并形成系列标准化操作程序。奶牛母子一体化是指兼顾母子需求，通过营养搭配、科学管理，实现母牛产后健康、平衡高产，犊牛平安出生、茁壮成长，最终达到牧场盈利和可持续发展。从时间上而言，广义指奶牛产前 2 个月至犊牛断奶后 2 周的 120 d，狭义指奶牛产前 3 周至犊牛 3 周的 40 d。

二、技术要点

该技术以奶牛产后健康为基础，以犊牛健康为核心，建立奶牛母子一体化综合配套技术。具体指标包括母牛（泌乳天数<60 d）真胃变位发病率<3%，胎衣不下发病率<8%，酮病发病率<3%，死淘率<8%；犊牛（日龄<60 d）日增重>800 g/d，成活率>95%，腹泻率<25%。

（一）围产期奶牛营养调控与管理

1. 围产前期（产前 21 d 至分娩）

管理要点包含但不限于以下几点。

①日粮应以优质禾本科饲料为主，做好奶牛与新产牛的日粮过渡。

②干物质采食量占体重的 2.0%，日粮产奶净能 1.36~1.48 Mcal/kg。

③散栏饲养密度小于 90%，地面垫料充足，保持清洁、干燥，每天消毒。

④产房保持安静，昼夜设专人值班，注意观察牛只体况；根据预产期做好产房、产间和助产器械工具的清洗消毒等准备工作。

⑤奶牛产后尽快挤出初乳（建议 2 h 内），并妥善保管。

⑥该阶段的体况评分为 3.25~3.50 分。

2. 围产后期（分娩至产后 21 d）

管理要点包含但不限于如下。

①饲喂新产牛 TMR，提供优质、易消化的豆科和禾本科牧

草及优质青贮。日粮产奶净能 1.67~1.72 Mcal/kg，中性洗涤纤维 30%~33%，酸性洗涤纤维 19%~21%，饲料转化效率达到 1.6 以上。

②执行产后监控程序，特别关注难产、双胎、胎衣不下、产褥热以及产前体况评分超过 4 分的奶牛，监控其干物质采食量、产奶量、体温等指标，并定期监测血酮含量。

③奶牛产后 1 周内，进行健康检查，异常牛须单独处理。

④该阶段的体况评分为 2.75~3.25 分。

（二）哺乳犊牛饲喂与管理

①犊牛出生后，至少应立即执行如下操作：擦去口鼻中的黏液和异物，擦干体表黏液，7%~10%碘酊消毒脐带，打耳牌，称体重，填写产犊记录。犊牛出生 1 h 内，应饲喂其 10%体重的初乳并做好记录。

②犊牛出生后 12~24 h，应再次饲喂初乳或常乳 2 L。

③检验犊牛饲喂初乳效果，应在出生后 24~72 h 检测犊牛血清总蛋白，含量≥55 mg/L 时，说明被动免疫成功。被动免疫成功率应≥95%。

④哺乳犊牛宜使用巴氏杀菌乳或代乳粉饲养，奶温应控制在 (38±1)℃，日饲喂量为犊牛体重的 10%~15%，日饲喂 2~3 次，或自动饲喂器自由采食。如果牛舍内温度在 0℃以下，应增加饲喂量。

⑤哺乳犊牛 3 日龄后，开始自由饮水，每天至少更换 2 次饮水，冬季应提供温水。

⑥哺乳犊牛 3 日龄后，应提供开食料，每天清理并更换开食料，第 15 d 开始可提供优质牧草。

⑦犊牛出生后 15 d 内，应去角。

⑧哺乳犊牛饲养面积应≥3 m^2/头，可采用强制性通风措施，保证犊牛舍空气质量。

三、增产增效情况

通过综合技术推广,示范牛场母牛（DIM<60 d）真胃变位发病率<3%,胎衣不下发病率<5%,酮病发病率<2%,死淘率<5%;犊牛（日龄<60 d）日增重>800 g/d,成活率>97%,腹泻率<15%。

四、适宜区域

适用于全国规模化奶牛场。

五、注意事项

①定期检测围产期奶牛日粮营养成分,根据测定结果调整奶牛日粮配方。

②关注母牛和犊牛舒适度,尤其是牛舍新鲜空气及温湿度指数控制。

六、技术依托单位

中国农业大学动物科技学院、中国后备奶牛培育协作创新平台

联系地址：北京市海淀区圆明园西路2号 100193

联系人：曹志军 李胜利

联系电话：010-62733746

电子邮箱：caozhijun@cau.edu.cn

第三节 奶牛 TMR 质量控制与综合评价技术

一、技术概述

本技术重点从 TMR 主要原料质量控制和制成 TMR 产品质量

对 TMR 进行综合评估，并从 TMR 感官、含水量、饲料长度与搅拌均匀度、奶牛采食情况、反刍情况、生产性能、粪便评分、健康状况等方面综合评价 TMR 质量。

二、技术要点

主要评价指标基于原料质量控制、TMR 粒度、含水量、奶牛采食量、反刍情况、生产性能、粪便和健康状况的综合考量，全面评价 TMR 的搅拌混合和饲喂效果。

（一）TMR 质量控制

TMR 原料主要有以下几种。

1. 粗饲料

粗饲料不但给奶牛提供蛋白质、脂肪、矿物质等营养物质，而且粗饲料中含有大量粗纤维，保证了奶牛的正常反刍和瘤胃健康。

（1）全株玉米青贮　优质全株玉米青贮指标为乳熟期或蜡熟期收割，切割长度 0.95~1.9 cm，含水量 65%~70%，pH 值 < 4.2，籽实比例 40%~45%，淀粉含量 > 28%，NDF 45%~55%，NDF 消化率（NDFD）47%~62%，产奶净能 1.24~1.44 Mcal/kg。

（2）苜蓿干草　优质苜蓿干草标准为成熟早期至中期刈割，叶量多，茎细或中等粗细，无霉变，颜色绿色，CP > 18%，ADF < 32%，NDF < 40%，RFV > 150%，NDFD 45%~55%。

（3）羊草　品质良好羊草最佳刈割期为抽穗期，CP ≥ 7%，NDF ≤ 60%，ADF ≤ 40%，NDFD 40%~60%，产奶净能 ≥ 1.24 Mcal/kg。

（4）燕麦干草　品质良好燕麦干草最佳刈割期为抽穗期，

CP 可以达到 10%，NDF 50%~63%，ADF 25%~40%，NDFD 40%~65%，产奶净能 1.20~1.44 Mcal/kg。

2. 精饲料

（1）谷实饲料　以玉米为主，还有小麦、大麦、高粱等。玉米是高能饲料，适口性好、易消化，脂肪含量高，不饱和脂肪酸较多，是最重要的能量饲料。加工方式有粉碎、干碾压、膨化、制粒和蒸汽压片。

（2）饼粕饲料　以豆粕、棉粕和菜籽粕为主，还有胡麻粕和葵花粕等。豆粕是最为重要，也是最好的植物性蛋白质，氨基酸含量高，必需氨基酸组成比例好，尤其是赖氨酸含量最高，赖精氨酸比例恰当，缺点是蛋氨酸含量低。

（3）工业加工副产品　以酒糟类原料和 DDGS 为主。谷物酒糟是高蛋白质原料，CP 24%~26%（干物质基础），在日粮干物质总量中的比例可达 20%~30%，酒糟类原料与高能量、低蛋白质的牧草混合饲喂有较好的效果。

TMR 原料除以上介绍的几种外，还可根据当地饲料资源条件，在充分考虑奶牛营养需要和饲养成本的情况下使用其他饲料原料。

（二）TMR 质量综合评价

1. 感官评价

制作良好的 TMR 精粗饲料混合均匀，精饲料均匀地附着在粗饲料表面，松散不分离，色泽均匀，新鲜不发热，无异味，不结块。

2. 含水量评价

TMR 含水量应控制 45%~50%。测定 TMR 含水量经验做法是从 TMR 搅拌车中抓起一把料，用手用力捏成团，如果手里能捏出水，而且饲料成团状，不复原，说明水分含量大，一般超过60%;如果捏不出水,手松开后,饲料复原,呈蓬松状,手上有轻微的潮湿感,说明水分合适,在50%左右。最科学的办法就是将湿的TMR料称过质量后,放在微波炉或烘箱烘干,然后称质量,就可以知道TMR饲料中水分含量。在牧场中,要经常对TMR原料中的青贮、干草和酒糟类饲料进行干物质测定,以保证TMR含水量的稳定。建议每2周检测1次TMR含水量,青贮饲料每周检测1次,啤酒糟最好每天检测1次。

(三) TMR饲料长度和均匀度评价

1. 中国农业大学分级筛

(1) 检测准备 将四层分级筛安装至工作状态,用灵敏度≤±1 g的称量器具(称重范围<3 000 g),称取有代表性的奶牛TMR(或青贮等)样品200~300 g,散放在中国农业大学分级筛工作状态的上层筛上。

(2) 使用方法 双手扶筛在操作平台上左右滑动,左右往复位移合计10次,为1个重复,每次移动距离大于20 cm/s;把筛体旋转90°,再左右往复位移合计10次,每次重复都要旋转90°,要求作4个重复(图10-1)。称量各层筛子上面饲料的重量,与推荐值比较即可得出结果。

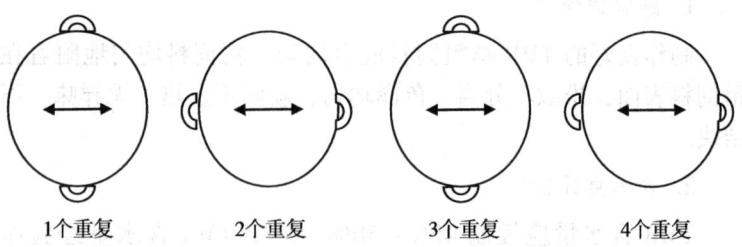

  1个重复 2个重复 3个重复 4个重复

图10-1 中国农业大学分级筛移动模式

(3) 推荐比例　见表10-1。

表 10-1　TMR 分级筛后比例推荐　　　　　　单位:%

筛层	筛孔直径（mm）	筛后各层粗饲料比例推荐范围		筛后各阶段牛群比例推荐范围		
		玉米青贮	干草	高产牛	干奶牛	后备牛
上层	≥19	5~10	10~20	10~15	45~50	50~55
中上	8.0~1.9	45~65	45~75	20~40	15~20	15~20
中下	1.2~8.0	30~40	20~30	25~45	20~25	20~25
下层	<1.2	<5	<5	20~25	5~10	5~10

中国农业大学分级筛推荐的高产奶牛 TMR 上层的比例是10%~15%（筛孔直径为 19 mm），如果超过 15%，则意味着 TMR 混合不足，长度过大，需要继续进行混合。推荐的比例下层低于 25%，如果超过 25%，意味着日粮粉碎过细，日粮混合过度。

2. 宾州筛

（1）检测准备　将四层分级筛安装至工作状态，用灵敏度≤±1 g 的称量器具（称重范围<3 000 g），称取有代表性的奶牛全混合日粮（或青贮等）样品 200 g，散放在宾州筛工作状态的上层筛上。

（2）使用方法　双手扶稳筛体向左右两侧平行移动，每平行移动 5 次为 1 组，然后将筛体顺时针旋转 90°进行下一组，共 8 组，见图 10-2。移动时要保证一定的频率和力度，移动完成后将各层筛体上的饲料称重，与推荐表对比即可得出结果。

（3）推荐比例　见表10-2。

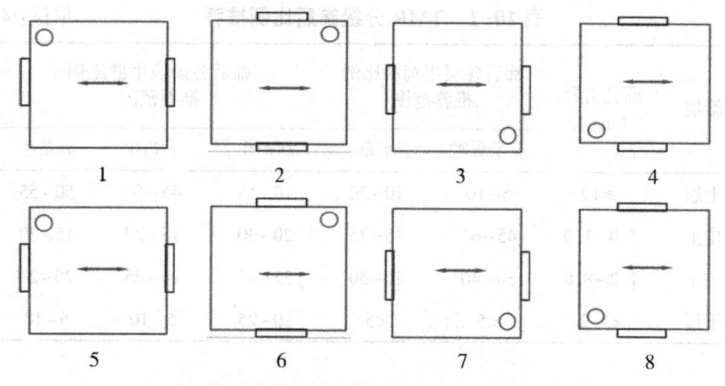

图 10-2　宾州筛移动模式

表 10-2　宾州筛各种饲料的理论推荐比例　　　　单位:%

筛层	筛孔直径 （mm）	玉米青贮 （干重）	干草 （干重）	TMR （鲜重）
顶层	>19	3~8	10~20	≤3~8
中上层	8.0~19	45~65	45~75	30~40
中下层	1.2~8.0	30~40	20~30	30~40
底层	<1.2	<5	<5	≤20

（四）奶牛采食情况评价

可通过奶牛采食时的积极程度、实际的采食量测定以及饲槽中剩料的情况来对 TMR 的使用效果进行评估，成年泌乳奶牛每天采食干物质的重量占体重的 3%~3.5%，干奶牛为 2%，而高产奶牛的干物质采食量要比中、低产奶牛多 40%。

第十章 奶牛精准饲喂关键技术

表10-3 不同产奶量和不同阶段奶牛采食量范围 单位：kg/d

	干物质采食量	TMR采食量*
泌乳牛（产奶量>30 kg/d）	22~23	44~46
泌乳牛（产奶量20~30 kg/d）	19~22	38~44
泌乳牛（产奶量<20 kg/d）	18~19	36~38
干奶前期牛	13~14	26~28
干奶后期牛	10~11	20~22
育成牛（7月龄至配种前）	7~11	14~22
青年牛（配种至产犊）	12~13	24~26

注：TMR的干物质含量按照50%计算。

对于产奶牛，产后前7~10 d，干物质采食量下降幅度在30%以内；产后干物质采食量增加的速度，初产牛每周1.4~1.8 kg，经产牛2.3~2.8 kg；产后8~10周达到最大干物质采食量。最大干物质采食量约为体重的4%。

TMR饲喂后，1 d剩余的饲料量不超过总量的3%~5%。如果实际值远低于估测值，说明采食量偏低，日粮的适口性偏低或营养浓度过高；如果实际值远高于估测值，说明日粮的营养浓度偏低或饲料利用率偏低，可通过调整精料配方、粗饲料质量或精粗比来加以改进。

（五）反刍情况评价

奶牛通常在采食后0.5~1.0 h开始反刍，每天反刍6~8次，每次持续40~50 min，每天反刍时间7 h左右。通常躺卧的奶牛中应有50%以上在反刍。反刍时间和反刍可被用来判断TMR的精粗比和铡切长度是否合理。如果反刍奶牛的比例低于50%时，可能是因为TMR铡切过短，或者发生了瘤胃酸中毒；日粮中精粗比例过高时，反刍次数减少，反刍时间缩短，每千克干物质的咀嚼时间不足30 min。

(六) 生产性能评价

通过测定奶牛的各项生产性能，结合生产性能测定（DHI）报告，可以评价 TMR 的使用效果。

1. 产奶量

饲喂 TMR 后产奶量一般比饲喂前增加 5%~10%。如果产奶量没有达到预计的目标，要对 TMR 的生产过程、TMR 干物质含量进行检查。采食量不足，可能 TMR 水分含量过大，影响干物质采食量，或者粗饲料铡切不合适，奶牛挑食。饲喂 TMR 后产奶量下降，说明奶牛对饲喂 TMR 不适应，瘤胃微生物区系需要一段时间适应变化的日粮，一旦奶牛适应后，产奶量会很快恢复。如果没有恢复，说明日粮的能量浓度或蛋白水平过低，或者能蛋比不平衡。

2. 乳脂率

日粮精粗比不合理会导致乳脂率降低。保持高产奶牛精粗料比为不超过 60∶40，ADF 和 NDF 含量分别为 19% 和 29%。奶牛每天至少应采食其体重 1.5%~2% 的粗饲料，1%~1.5% 精饲料，而且 TMR 中总 NDF 的 65%~75% 来源于粗饲料。对于高产奶牛需要将日粮中的粗饲料比例提高至 40% 以上，NDF 含量提高至 30% 以上。

3. 乳蛋白

乳蛋白率降低可能因为日粮中可发酵碳水化合物量不足（NSC<35%）、蛋白质缺乏、氨基酸不平衡或者干物质采食量不足，应调整日粮组成，增加精料比例。

4. 生化指标

牛奶尿素氮含量在 12~16 mg/dL，应该每月检查 1 次；临产前尿液 pH 值在 5.5~6.5；临产前血液非酯化脂肪酸

(NEFA) 小于 0.40 mEq/L。

(七) 粪便状况评价

成年奶牛 1 d 排粪 12~18 次，排粪量为 20~35 kg/d，通过对牛粪形态特征变化的评定可以发现奶牛日粮消化率及瘤胃发酵的改变，从而评定 TMR 配合的合理与否。

奶牛粪便评分标准：正常牛粪呈叠饼状，青草地放牧时呈稠粥状，饲喂过多的多汁饲料呈流体状；当日粮中精饲料比例过高或含有较多的糟渣类饲料、长干草和有效 NDF 不足时奶牛会排出稀粪；当摄入过多劣质粗饲料或饲喂过量干草而精料比例较低时则会排出过干的粪，厚度过大呈坚硬的粪球状。

表 10-4 奶牛粪便评分标准

级别	形态描述	原因
1	粪很干，呈粪球状，超过 7.5 cm 高	干草饲喂过多，精料饲喂量小或日粮基本以低质粗饲料为主
2	粪干、厚度大于 5~7.5 cm 高，半成形的圆片状	食入质量低的饲料，纤维含量高，精饲料量低或蛋白质缺乏
3	粪呈较细的扁状，中间有较小的凹陷，厚度在 2~5.0 cm	日粮精粗比例合适
4	粪软，没有固定形状，能流动，厚度小于 2.0 cm，没有固定形状，周围有散点	缺乏有效 NDF，精饲料、青贮和多汁饲料喂量大
5	粪很稀，像豌豆汤，呈弧形下落	食入过多蛋白质、青贮、淀粉、矿物质或缺乏长干草和有效 NDF

(八) 健康状况评价

合理的 TMR 可以给奶牛提供充足而均衡的营养，使之保持良好的健康状况。日粮不合理通常会引起奶牛出现代谢性疾病。

1. 瘤胃酸中毒

奶牛瘤胃 pH 平均值为 6.0，低于 5.5 时可出现瘤胃酸中毒，介于 5.5~5.8 时可能会出现亚临床瘤胃酸中毒。当奶牛一次性采食大量的玉米、高粱、甜菜、马铃薯等富含碳水化合物的精料和多汁饲料，而又缺乏优质粗饲料或粗饲料只有青贮时，可以导致瘤胃酸中毒。

2. 酮病

奶牛在糖和生糖物不足及其代谢障碍时，体脂大量分解，脂肪酸氧化不全而产生过多酮体蓄积，导致酮病的发生。在干奶期尤其是在分娩前最后 3 周内，蛋白质供给不足能增加酮病发生的机会。保证泌乳前期高产奶牛产奶的营养需要，改善粗饲料质量，按照奶量给予精料的同时，应提供优质粗饲料。

3. 真胃变位

TMR 中精饲料喂量高、粗饲料铡切过短、缺少运动饲养管理条件下的奶牛极易发生真胃变位。严格控制干奶期和产后精料给料量，根据奶牛采食情况逐渐添加精料量，保证优质粗饲料供应充足。

三、增产增效情况

通过使用 TMR 质量控制与综合评价技术体系，规模化牧场 TMR 质量明显提升，牛奶质量明显改善，奶牛养殖效益可提高 10% 以上。

四、适宜区域

全国规模化奶牛场、养殖小区等。

五、技术依托单位

1. 中国农业大学、国家奶牛产业技术体系

联系地址：北京市海淀区圆明园西路 2 号 100193

联系人：李胜利 曹志军 杨敦启 都文 毕研亮
联系电话：010-62731254
电子邮箱：lishengli@cau.edu.cn

2. 全国畜牧总站

联系地址：北京朝阳区麦子店街20号楼 100125
联系人：陈强
联系电话：010-59194606
电子邮箱：chenqiang888700@sina.com

第四节 提高泌乳奶牛饲料转化效率的综合技术

一、技术概况

奶牛泌乳的饲料转化效率是将奶牛 3.5%乳脂校正乳的产量除以干物质采食量得到的数值，饲料转化效率也反映了泌乳奶牛养殖的投入产出比，饲料转化效率越高，相同投入情况下标准乳的产量越高，奶牛养殖的效率越高。我国奶牛养殖的饲料转化效率平均只有 1.2，低于奶业发达国家的 1.5。

该技术通过粗饲料品质控制、日粮均衡营养和管理等提升泌乳奶牛的饲料转化效率，提高养殖技术水平和生产效率。

二、技术要点

（一）粗饲料品质控制

该技术要求泌乳奶牛使用的粗饲料质量较优，避免使用营养价值低、品质差的粗饲料，主要的粗饲料品质控制点如下。

1. 玉米青贮

（1）青贮玉米的品种　优先考虑选择谷物类玉米品种，其次考虑全株产量,其后依次是营养物质(如纤维的消化率)、抗倒伏特性、成熟期早晚和抗虫害特性。

(2)青贮制作要点 玉米青贮的收获时间选择在1/2乳线期,轧切长度小于1 cm,籽粒基本破碎。

(3)青贮营养指标 青贮制作完成后营养指标需要达到以下要求:干物质含量30%~35%,产奶净能>1.6 Mcal/kg,淀粉含量达到25%~85%,NDF<50%,ADF<30%,CP7.5%~9.0%,氨态氮<10%。

2. 苜蓿干草

选用的苜蓿干草品质优良,苜蓿干草评定等级为一级,CP≥18%,NDF<40%,ADF<32%,RFV>150%。

3. 推荐使用苜蓿半干青贮与玉米青贮搭配使用

苜蓿半干青贮的营养指标要求:干物质含量≥45%,CP≥18%,NDF≤45.0%,产奶净能≥1.5 Mcal/kg。

(二)成母牛各阶段的均衡营养和管理要点

1. 干奶前期

干奶前期开始于奶牛干奶之日,到产前21 d,对于奶牛下一泌乳期非常重要,如果管理得好,奶牛下一个泌乳期可以增加230~700 kg牛奶。

(1)营养供给 干物质进食量为体重的1.8%~2.0%,即10~12 kg,一般在11 kg左右。日粮CP在12%~13%,产奶净能1.32 Mcal/kg,奶牛能量单位(NND)在1.76,NDF 40%~45%,ADF 30%~35%,钙0.4%~0.6%,磷0.3%~0.4%,硒6~8 mg/(头·d),维生素E600-1 000IU/(头·d)。

(2)推荐日粮 精饲料3~4 kg,粗饲料:全株玉米青贮或者黄贮10~13 kg,苜蓿1~2 kg,羊草3~4 kg。玉米青贮是干奶前期奶牛的主要粗饲料,尽可能提供较多的优质粗饲料。避免提供过多的食盐，日粮低钙低钾，预防产后乳房水肿。

（3）干奶牛管理要点　奶牛体况评分必须在 3.25~3.50 分，在干奶期对乳房的健康护理尤为重要，干奶后 7 d，检查乳房，发现乳腺炎要及时治疗。

2. 干奶后期（围产前期）

指奶牛产前 21 d 到分娩日。平衡的营养和管理可以为下一个泌乳期的稳产高产打下坚实的基础。

（1）营养供给　TMR 采食量 20~22 kg，干物质采食量 10~12 kg，日粮 CP 15%~16%，含 35%~40%的过瘤胃蛋白质，日粮的能量水平为 1.56 Mcal/kg，NND 为 2.07，相当于奶牛产 20 kg 牛奶的能量需要水平。NDF 为 40%~45%，ADF 为 30%~35%，钙为 0.4%~0.5%，磷为 0.3%~0.4%。可适当添加阴离子盐产品，促进泌乳后日粮钙的吸收和代谢，要控制多汁饲料和食盐的饲喂量，防止奶牛发生乳房水肿。日粮中的 NSC 为 32%，也应饲喂玉米 2.5~3.5 kg/（头·d）。

（2）典型日粮　精饲料 3~4 kg，粗饲料：全株青贮 12 kg，羊草或燕麦草 3~4 kg，苜蓿 1~2 kg，甜菜颗粒粕 1~2 kg。

增加玉米的饲喂量（精饲料饲喂量），使瘤胃逐渐适应产后的高精饲料饲喂，可以使瘤胃微生物适应高精饲料，刺激瘤胃乳头增长和乳头表面积增加。合适的矿物质和维生素的供给，不仅对奶牛重要，而且有助于通过胎盘传给犊牛，如硒。

3. 新产牛（围产后期）

新产牛起始于产犊至产后 2~3 周，这个阶段要特别注意"精细化管理"，注意观察奶牛。

（1）营养供给　总采食量 30~39 kg，产后 21 d 头胎新产牛干物质采食量达 15~17 kg，成年新产牛达到 19 kg。日粮 CP 为 17%，优质 CP 在精饲料中比例超过 10%。产奶净能为 1.56~

1.67 Mcal/kg，NDF 至少为 25%，ADF 至少为 19%，钙为 0.7%~1.0%，磷为 0.37%~0.45%，钙与磷的比例以（1.5~2）：1 为宜。

（2）典型日粮　精饲料 7~9 kg，粗饲料：全株青贮 16~20 kg，羊草或燕麦草 3~4 kg，苜蓿 2~3 kg，甜菜颗粒粕 1~2 kg，全棉籽 1 kg。

此时期给奶牛饲喂最优质的粗饲料，粗饲料容易消化，快速恢复食欲。如提供 ADF<30% 的苜蓿干草，NDF<50% 玉米青贮，补充高能精饲料，如压片玉米及大麦、干玉米酒精糟、全棉籽、膨化大豆，能量>1.94 Mcal/kg。

（3）密切观察新产牛的食欲、瘤胃蠕动、体温　查看排出胎盘的完整性和气味，监测酮病和真胃变位。注意消瘦的奶牛，可能患有临床型乳热症、酮病和其他代谢紊乱。

4. 泌乳初期

泌乳初期指产后 14~100 d 时期，高峰奶出现在产后 40~60 d，体况评分可以从 3.5 分下降至 2.5 分，体重损失 55 kg。

（1）营养供给　TMR 总采食量 37~47 kg，干物质采食量 19~23 kg，满足 CP 16%~17% 的需要，优质 CP 在精饲料中比例超过 10%，泌乳初期奶牛日粮要保证粗饲料的质量，精粗比不超过 65：35，产奶净能 1.78 Mcal/kg，NDF 不低于 29%，ADF 不低于 19%，钙 1.0%，磷 0.46%。在不影响粗饲料消化的情况下，也可以在日粮中添加脂肪，脂肪含量不超过 7%。

（2）典型配方　精饲料 9~12 kg，粗饲料：全株青贮 20~25 kg，羊草或燕麦草 3~4 kg，苜蓿 3~4 kg，甜菜颗粒粕 1~2 kg，全棉籽 1 kg。

此阶段饲喂最优质的粗饲料，提高奶牛干物质采食量。可以增加精饲料喂量，但每天每头牛增加量不超过 0.5 kg。日粮中添加缓冲剂以调节瘤胃 pH 值，饲喂 12 g 尼克酸以降低中毒，添加丙二醇（0.23 kg）或丙酸钙（0.15 kg）以提高血液葡萄糖浓度。

（3）管理要点　减缓奶牛能量负平衡，减少体重损失，防止发生酮病、脂肪肝等疾病，及时观察奶牛繁殖系统健康状况，适时配种，在产后 60~110 d 配种受孕，体况评分 2.5~2.75 分。

5. 泌乳中后期

泌乳中后期指产后 100 d 及以后。奶牛有最大的干物质采食量，是体况恢复的最佳时期。

（1）营养供给　日粮营养的水平依据产奶量的变化而变化，总采食量 34~35 kg，干物质采食量 17~19 kg，满足 CP 14%~15% 的需要，NDF 30%~33%，ADF 21%~23%，钙 0.45%~0.60%，磷 0.35%~0.45%。

（2）典型配方　精饲料 6~8 kg，粗饲料：全株青贮（黄贮）18~22 kg，羊草（玉米秸秆）3~4 kg，苜蓿 2~4 kg，甜菜颗粒粕 1 kg，可以多用杂粕，也可以饲喂一些玉米秸秆饲料和黄贮。

增大日粮中粗饲料的比例。在泌乳后期减少精饲料中成本较高的高过瘤胃率的蛋白质饲料和脂肪。注意饲料的霉变，预防流产。

（3）管理要点　控制每月产奶量下降的幅度为 5%~8%；及时检查奶牛是否怀孕；控制精饲料饲喂量，理想的 BCS 为 3.5~3.75 分，如果 BCS 大于 4.0 分，可以考虑控制干物质采食量。

三、增产增效情况

将规模牛场泌乳奶牛的饲料转化效率从 1.2 提升至 1.5 及以上，提升了 25%，其中泌乳高峰可以达到 1.6~1.8，泌乳中期达到 1.4~1.5，泌乳后期接近 1.3。泌乳奶牛日产奶量达到 30 kg，奶牛养殖的效益可提升 10%。

四、适宜地区

适宜在黑龙江、内蒙古、新疆、山东、河北、河南、山西、吉林、辽宁、宁夏、陕西、四川、安徽、甘肃等我国奶牛养殖的主产区域。

五、技术依托单位

中国农业大学动物科技学院
联系地址：北京市海淀区圆明园西路 2 号 100193
联系人：李胜利　王雅晶　曹志军　夏建民
联系电话：010-62731254
电子邮箱：lishengli@cau.edu.cn

附录 奶牛常用饲料营养价值表

(%)

中国饲料号	饲料名称	饲料描述	干物质	粗蛋白质	粗脂肪	粗纤维	无氮浸出物	粗灰分	中性洗涤纤维	酸性洗涤纤维	钙	总磷	非植酸磷
4-07-0278	玉米	成熟,高油,优质	86.0	9.4	3.1	1.2	71.3	1.2	9.4	3.5	0.02	0.27	0.12
4-07-0288	玉米	成熟,高赖氨酸,优质	86.0	8.5	5.3	2.6	67.3	1.3	9.4	3.5	0.16	0.25	0.09
4-07-0279	玉米	成熟,GB/T 17890—1999, 1级	86.0	8.7	3.6	1.6	70.7	1.4	9.3	2.7	0.02	0.27	0.12
4-07-0280	玉米	成熟,GB/T 17890—1999, 2级	86.0	7.8	3.5	1.6	71.8	1.3	7.9	2.6	0.02	0.27	0.12
4-07-0272	高粱	成熟,NY/T 1级	86.0	9.0	3.4	1.4	70.4	1.8	17.4	8.0	0.13	0.36	0.17
4-07-0270	小麦	混合小麦,成熟 NY/T 2级	87.0	13.9	1.7	1.9	67.6	1.9	13.3	3.9	0.17	0.41	0.13
4-07-0274	大麦(裸)	裸大麦,成熟 NY/T 2级	87.0	13.0	2.1	2.0	67.7	2.2	10.0	2.2	0.04	0.39	0.21

（续表）

中国饲料号	饲料名称	饲料描述	干物质	粗蛋白质	粗脂肪	粗纤维	无氮浸出物	粗灰分	中性洗涤纤维	酸性洗涤纤维	钙	总磷	非植酸磷
4-07-0277	大麦（皮）	皮大麦，成熟 NY/T 1级	87.0	11.0	1.7	4.8	67.1	2.4	18.4	6.8	0.09	0.33	0.17
4-07-0281	黑麦	籽粒，进口	88.0	11.0	1.5	2.2	71.5	1.8	12.3	4.6	0.05	0.30	0.11
4-07-0273	稻谷	成熟，晒干 NY/T 2级	86.0	7.8	1.6	8.2	63.8	4.6	27.4	28.7	0.03	0.36	0.20
4-07-0276	糙米	良，成熟，未去米糠	87.0	8.8	2.0	0.7	74.2	1.3	13.9	—	0.03	0.35	0.15
4-07-0275	碎米	良，加工精米后的副产品	88.0	10.4	2.2	1.1	72.7	1.6	1.6	—	0.06	0.35	0.15
4-07-0479	粟（谷子）	合格，带壳，成熟	86.5	9.7	2.3	6.8	65.0	2.7	15.2	13.3	0.12	0.30	0.11
4-04-0067	木薯干	木薯干片，晒干 NY/T 合格	87.0	2.5	0.7	2.5	79.4	1.9	8.4	6.4	0.27	0.09	—
4-04-0068	甘薯干	甘薯干片，晒干 NY/T 合格	87.0	4.0	0.8	2.8	76.4	3.0	—	—	0.19	0.02	—
4-04-0068	次粉	黑面，黄糟，下面 NY/T 1级	88.0	15.4	2.2	1.5	67.1	1.5	18.7	4.3	0.08	0.48	0.14
4-08-0105	次粉	黑面，黄糟，下面 NY/T 2级	87.0	13.6	2.1	2.8	66.7	1.8	31.9	10.5	0.08	0.48	0.14
4-08-0069	小麦麸	传统制粉工艺 NY/T 1级	87.0	15.7	3.9	6.5	56.0	4.9	37.0	13.0	0.11	0.92	0.24
4-08-0070	小麦麸	传统制粉工艺 NY/T 2级	87.0	14.3	4.0	6.8	57.1	4.8	—	—	0.10	0.93	0.24

附录　奶牛常用饲料营养价值表

（续表）

中国饲料号	饲料名称	饲料描述	干物质	粗蛋白质	粗脂肪	粗纤维	无氮浸出物	粗灰分	中性洗涤纤维	酸性洗涤纤维	钙	总磷	非植酸磷
4-08-0041	米糠	新鲜，不脱脂 NY/T 2级	87.0	12.8	16.5	5.7	44.5	7.5	22.9	13.4	0.07	1.43	0.10
4-10-0025	米糠饼	未脱脂，机榨 NY/T 1级	88.0	14.7	9.0	7.4	48.2	8.7	27.7	11.6	0.14	1.69	0.22
4-10-0018	米糠粕	浸提或预压浸提 NY/T 1级	87.0	15.1	2.0	7.5	53.6	8.8	—	—	0.15	1.82	0.24
5-09-0127	大豆	黄大豆，成熟，NY/T 2级	87.0	35.5	17.3	4.3	25.7	4.2	7.9	7.3	0.27	0.48	0.30
5-09-0128	全脂大豆	湿法膨化，生大豆为NY/T 2级	88.0	35.5	18.7	4.6	25.2	4.0	—	—	0.32	0.40	0.25
5-10-0241	大豆饼	机榨 NY/T 2级	89.0	41.8	5.8	4.8	30.7	5.9	18.1	15.5	0.31	0.50	0.25
5-10-0103	大豆粕	去皮，浸提或预压浸提 NY/T 1级	89.0	47.9	1.5	3.3	29.7	4.9	8.8	5.3	0.34	0.65	0.19
5-10-0102	大豆粕	浸提或预压浸提 NY/T 2级	89.0	44.2	1.9	5.9	28.3	6.1	13.6	9.6	0.33	0.62	0.18
5-10-0118	棉籽饼	机榨 NY/T 2级	88.0	36.3	7.4	12.5	26.1	5.7	32.1	22.9	0.21	0.83	0.28
5-10-0119	棉籽粕	浸提或预压浸提 NY/T 1级	90.0	47.0	0.5	10.2	26.3	6.0	22.5	15.3	0.25	1.10	0.38
5-10-0117	棉籽粕	浸提或预压浸提 NY/T 2级	90.0	43.5	0.5	10.5	28.9	6.6	28.4	19.4	0.28	1.04	0.36
5-10-0183	菜籽饼	机榨，NY/T 2级	88.0	35.7	7.4	11.4	26.3	7.2	33.3	26.0	0.59	0.96	0.33

· 201 ·

(续表)

中国饲料号	饲料名称	饲料描述	干物质	粗蛋白质	粗脂肪	粗纤维	无氮浸出物	粗灰分	中性洗涤纤维	酸性洗涤纤维	钙	总磷	非植酸磷
5-10-0121	菜籽粕	浸提或预压浸提,NY/T 2级	88.0	38.6	1.4	11.8	28.9	7.3	20.7	16.8	0.65	1.02	0.35
5-10-0116	花生仁饼	机榨 NY/T 2级	88.0	44.7	7.2	5.9	25.1	5.1	14.0	8.7	0.25	0.53	0.31
5-10-0115	花生仁粕	浸提或预压浸提,NY/T 2级	88.0	47.8	1.4	6.2	27.2	5.4	15.5	11.7	0.27	0.56	0.33
1-10-0031	向日葵仁饼	壳仁比 35:65 NY/T 3级	88.0	29.0	2.9	20.4	31.0	4.7	41.4	29.6	0.24	0.87	0.13
5-10-0242	向日葵仁粕	壳仁比 16:84 NY/T 2级	88.0	36.5	1.0	10.5	34.4	5.6	14.9	13.6	0.27	1.13	0.17
5-10-0243	向日葵仁粕	壳仁比 24:76 NY/T 2级	88.0	33.6	1.0	14.8	38.8	5.3	32.8	23.5	0.26	1.03	0.16
5-10-0119	亚麻仁饼	机榨 NY/T 2级	88.0	32.2	7.8	7.8	34.0	6.2	29.7	27.1	0.39	0.88	0.38
5-10-0120	亚麻仁粕	浸提或预压浸提,NY/T 2级	88.0	34.8	1.8	8.2	36.6	6.6	21.6	14.4	0.42	0.95	0.42
5-10-0246	芝麻饼	机榨,CP 40%	92.0	39.2	10.3	7.2	24.9	10.4	18.0	13.2	2.24	1.19	0.22
5-11-0001	玉米蛋白粉	玉米去胚芽、淀粉后的面筋部分 CP 60%	90.1	63.5	5.4	1.0	19.2	1.0	8.7	4.6	0.07	0.44	0.17
5-11-0002	玉米蛋白粉	同上,中等蛋白质产品。CP 50%	91.2	51.3	7.8	2.1	28.0	2.0	10.1	7.5	0.06	0.42	0.16
5-11-0008	玉米蛋白粉	同上,中等蛋白质产品,CP 40%	89.9	44.3	6.0	1.6	37.1	0.9	29.1	8.2	0.12	0.50	0.18

附录 奶牛常用饲料营养价值表

（续表）

中国饲料号	饲料名称	饲料描述	干物质	粗蛋白质	粗脂肪	粗纤维	无氮浸出物	粗灰分	中性洗涤纤维	酸性洗涤纤维	钙	总磷	非植酸磷
5-11-0003	玉米蛋白饲料	玉米去胚芽、淀粉后的含皮残渣	88.0	19.3	7.5	7.8	48.0	5.4	33.6	10.5	0.15	0.70	—
4-10-0026	玉米胚芽饼	玉米湿磨后的胚芽，机榨	90.0	16.7	9.6	6.3	50.8	6.6	—	—	0.04	1.45	—
4-10-0244	玉米胚芽粕	玉米湿磨后的胚芽，浸提	90.0	20.8	2.0	6.5	54.8	5.9	—	—	0.06	1.23	—
5-11-0007	DDGS	玉米酒精糟及可溶物，脱水	90.0	28.3	13.7	7.1	36.8	4.1	38.7	15.3	0.20	0.74	0.42
5-11-0009	蚕豆粉浆蛋白	蚕豆去皮制粉丝后的浆液，脱水	88.0	66.3	4.7	4.1	10.3	2.6	—	—	—	0.59	—
5-11-0004	麦芽根	大麦芽副产品，干燥	89.7	28.3	1.4	12.5	41.4	6.1	—	—	0.22	0.73	—
1-05-0074	苜蓿草粉（19%）	一造盛花期烘干 NY/T 1 级	87.0	19.1	2.3	22.7	35.3	7.6	36.7	25.0	1.40	0.51	0.51
1-05-0075	苜蓿草粉（17%）	一造盛花期烘干 NY/T 2 级	87.0	17.2	2.6	25.6	33.3	8.3	39.0	28.6	1.52	0.22	0.22
1-05-0076	苜蓿草粉（14%~15%）	NY/T 3 级	87.0	14.3	2.1	29.8	33.3	10.1	36.8	2.9	1.34	0.19	0.19
5-11-0005	啤酒糟	大麦酿造副产品	88.0	24.3	5.3	13.4	40.8	4.2	39.4	24.6	0.32	0.42	0.14
7-15-0001	啤酒酵母	啤酒酵母菌粉，QB/T 1940—94	91.7	52.4	0.4	0.6	33.6	4.7	—	—	0.16	1.02	—

（续表）

中国饲料号	饲料名称	饲料描述	干物质	粗蛋白质	粗脂肪	粗纤维	无氮浸出物	粗灰分	中性洗涤纤维	酸性洗涤纤维	钙	总磷	非植酸磷
4-13-0075	乳清粉	乳清，脱水。低乳糖含量	94.0	12.0	0.7	0.0	71.6	9.7	0.0	0.0	0.87	0.79	0.79
5-01-0162	酪蛋白	脱水	91.0	88.7	0.8	—	—	—	0.0	0.0	0.63	1.01	0.82
5-14-0503	明胶		90.0	88.6	0.5	—	—	—	0.0	0.0	0.49	—	—
4-06-0076	牛奶乳糖	进口，含乳糖80%以上	96.0	4.0	0.5	0.0	83.5	8.0	0.0	0.0	0.52	0.62	0.62
4-06-0077	乳糖		96.0	0.3	—	—	95.7	—	0.0	0.0	—	—	—
4-06-0078	葡萄糖		90.0	0.3	—	—	89.7	—	0.0	0.0	—	—	—
4-06-0079	蔗糖		99.0	0.0	0.0	—	—	—	0.0	0.0	—	—	—
4-02-0889	玉米淀粉		99.0	0.3	0.2	—	—	—	0.0	0.0	0.04	0.01	0.01
4-17-0005	菜籽油		99.0	0.0	≥98	0.0	—	—	0.0	0.0	0.00	0.03	0.01
4-17-0006	椰子油		99.0	0.0	≥98	0.0	—	—	0.0	0.0	0.00	0.00	0.00
4-17-0007	玉米油		99.0	0.0	≥98	0.0	—	—	0.0	0.0	0.00	0.00	0.00
4-17-0008	棉籽油		99.0	0.0	≥98	0.0	—	—	0.0	0.0	0.00	0.00	0.00
4-17-0009	棕榈油		99.0	0.0	≥98	0.0	—	—	0.0	0.0	0.00	0.00	0.00
4-17-0010	花生油		99.0	0.0	≥98	0.0	—	—	0.0	0.0	0.00	0.00	0.00
4-17-0011	芝麻油		99.0	0.0	≥98	0.0	—	—	0.0	0.0	0.00	0.00	0.00
4-17-0012	大豆油		99.0	0.0	≥98	0.0	—	—	0.0	0.0	0.00	0.00	0.00
4-17-0013	葵花油		99.0	0.0	≥98	0.0	—	—	0.0	0.0	0.00	0.00	0.00

附录 奶牛常用饲料营养价值表

(续表)

中国饲料号	饲料名称	饲料描述	肉牛维持净能 (Mcal/kg)	肉牛增重净能 (Mcal/kg)	奶牛产奶净能 (Mcal/kg)	羊消化能 (Mcal/kg)	精氨酸 (%)	组氨酸 (%)	异亮氨酸 (%)
4-07-0278	玉米	成熟,高油,优质	2.20	9.19	1.68	7.02	1.83	7.66	3.40	14.23	0.38	0.23	0.26
4-07-0288	玉米	成熟,高赖氨酸,优质	2.24	9.39	1.72	7.21	1.84	7.70	3.41	14.27	0.50	0.29	0.27
4-07-0279	玉米	成熟,GB/T 17890—1999.1级	2.21	9.25	1.69	7.09	1.84	7.70	3.41	14.27	0.39	0.21	0.25
4-07-0280	玉米	成熟,GB/T 17890—1999.2级	2.19	9.16	1.67	7.00	1.83	7.66	3.38	14.14	0.37	0.20	0.24
4-07-0272	高粱	成熟,NY/T1级	1.86	7.80	1.30	5.44	1.59	6.65	3.12	13.05	0.33	0.18	0.35
4-07-0270	小麦	混合小麦,成熟 NY/T 2级	2.09	8.73	1.55	6.46	1.75	7.32	3.40	14.23	0.58	0.27	0.44
4-07-0274	大麦(裸)	裸大麦,成熟 NY/T 2级	1.99	8.31	1.43	5.99	1.68	7.03	3.21	13.43	0.64	0.16	0.43
4-07-0277	大麦(皮)	皮大麦,成熟 NY/T 1级	1.90	7.95	1.35	5.64	1.62	6.78	3.16	13.22	0.65	0.24	0.52
4-07-0281	黑麦	籽粒,进口	1.98	8.27	1.42	5.95	1.68	7.03	3.39	14.18	0.50	0.25	0.40
4-07-0273	稻谷	成熟,晒干 NY/T 2级	1.80	7.54	1.28	5.33	1.53	6.40	3.02	12.64	0.57	0.15	0.32

(续表)

中国饲料号	饲料名称	饲料描述	肉牛维持净能 (Mcal/kg)	肉牛增重净能 (Mcal/kg)	奶牛产奶净能 (Mcal/kg)	羊消化能 (Mcal/kg)	精氨酸 (%)	组氨酸 (%)	异亮氨酸 (%)
4-07-0276	糙米	良，成熟，未去米糠	2.22	9.28	1.71	7.16	1.84	7.70	3.41	14.27	0.65	0.17	0.30
4-07-0275	碎米	良，加工精米后的副产品	2.40	10.05	1.92	8.03	1.97	8.24	3.43	14.35	0.78	0.27	0.39
4-07-0479	粟（谷子）	合格，带壳，成熟	1.97	8.25	1.43	6.00	1.67	6.99	3.00	12.55	0.30	0.20	0.36
4-04-0067	木薯干	木薯干片，晒干 NY/T 合格	1.67	6.99	1.12	4.70	1.43	5.98	2.99	12.51	0.40	0.05	0.11
4-04-0068	甘薯干	甘薯干片，晒干 NY/T 合格	1.85	7.76	1.33	5.57	1.57	6.57	3.27	13.68	0.16	0.08	0.17
4-04-0068	次粉	黑面，黄糟，下面 NY/T 1 级	2.41	10.10	1.92	8.02	1.99	8.32	3.32	13.89	0.86	0.41	0.55
4-08-0105	次粉	黑面，黄糟，下面 NY/T 2 级	2.37	9.92	1.88	7.87	1.95	8.16	3.25	13.60	0.85	0.33	0.48
4-08-0069	小麦麸	传统制粉工艺 NY/T 1 级	1.67	7.01	1.09	4.55	1.46	6.11	2.91	12.18	0.97	0.39	0.46
4-08-0070	小麦麸	传统制粉工艺 NY/T 2 级	1.66	6.95	1.07	4.50	1.45	6.08	2.89	12.10	0.88	0.35	0.42

附录 奶牛常用饲料营养价值表

（续表）

中国饲料号	饲料名称	饲料描述	肉牛维持净能 (Mcal/kg)	肉牛增重净能 (Mcal/kg)	肉牛增重净能 (Mcal/kg)	奶牛产奶净能 (Mcal/kg)	羊维持净能 (Mcal/kg)	羊消化能 (Mcal/kg)	精氨酸 (%)	组氨酸 (%)	异亮氨酸 (%)
4-08-0041	米糠	新鲜，不脱脂 NY/T 2级	2.05	8.58	1.40	5.85	1.78	7.45	3.29	13.77	1.06	0.39	0.63
4-10-0025	米糠饼	未脱脂，机榨 NY/T 1级	1.72	7.20	1.11	4.65	1.50	6.28	2.85	11.92	1.19	0.43	0.72
4-10-0018	米糠粕	浸提或预压浸提，NY/T 1级	1.45	6.06	0.90	3.75	1.26	5.27	2.39	10.00	1.28	0.46	0.78
5-09-0127	大豆	黄大豆，成熟，NY/T 2级	2.16	9.03	1.42	5.93	1.90	7.95	3.91	16.36	2.57	0.59	1.28
5-09-0128	全脂大豆	湿法膨化，生大豆为 NY/T 2级	2.20	9.19	1.44	6.01	1.94	8.12	3.99	16.99	2.63	0.63	1.32
5-10-0241	大豆饼	机榨 NY/T 2级	2.02	8.44	1.36	5.67	1.75	7.32	3.37	14.10	2.53	1.10	1.57
5-10-0103	大豆粕	去皮，浸提或预压浸提 NY/T 1级	2.07	8.68	1.45	6.06	1.78	7.45	3.42	14.31	3.43	1.22	2.10
5-10-0102	大豆粕	浸提或预压浸提 NY/T 2级	2.08	8.71	1.48	6.20	1.78	7.45	3.41	14.27	3.38	1.17	1.99
5-10-0118	棉籽饼	机榨 NY/T 2级	1.79	7.51	1.13	4.72	1.58	6.61	3.16	13.22	3.94	0.90	1.16

(续表)

中国饲料号	饲料名称	饲料描述	肉牛维持净能 (Mcal/kg)	肉牛增重净能 (Mcal/kg)	奶牛产奶净能 (Mcal/kg)	羊消化能 (Mcal/kg)	精氨酸 (%)	组氨酸 (%)	异亮氨酸 (%)
5-10-0119	棉籽粕	浸提或预压浸提,NY/T 1 级	1.78	7.44	1.13	4.73	1.56	6.53	3.12	13.05	4.98	1.26	1.40
5-10-0117	棉籽粕	浸提或预压浸提,NY/T 2 级	1.76	7.35	1.12	4.69	1.54	6.44	2.98	12.47	4.65	1.19	1.29
5-10-0183	菜籽饼	机榨,NY/T 2 级	1.59	6.64	0.93	3.90	1.42	5.94	3.14	13.14	1.82	0.83	1.24
5-10-0121	菜籽粕	浸提或预压浸提,NY/T 2 级	1.57	6.56	0.95	3.98	1.39	5.82	2.88	12.05	1.83	0.86	1.29
5-10-0116	花生仁饼	机榨 NY/T 2 级	2.37	9.91	1.73	7.22	2.02	8.45	3.44	14.39	4.60	0.83	1.18
5-10-0115	花生仁粕	浸提或预压浸提,NY/T 2 级	2.10	8.80	1.48	6.20	1.80	7.53	3.24	13.56	4.88	0.88	1.25
1-10-0031	向日葵仁饼	壳仁比 35 : 65 NY/T 3 级	1.43	5.99	0.82	3.41	1.28	5.36	2.10	8.79	2.44	0.62	1.19
5-10-0242	向日葵仁粕	壳仁比 16 : 84 NY/T 2 级	1.75	7.33	1.14	4.76	1.53	6.40	2.51	10.63	3.17	0.81	1.51
5-10-0243	向日葵仁粕	壳仁比 24 : 76 NY/T 2 级	1.58	6.60	0.93	3.90	1.41	5.90	2.04	8.54	2.89	0.74	1.39
5-10-0119	亚麻仁饼	机榨 NY/T 2 级	1.90	7.96	1.25	5.23	1.66	6.95	3.20	13.39	2.35	0.51	1.15

附录 奶牛常用饲料营养价值表

（续表）

中国饲料号	饲料名称	饲料描述	肉牛维持净能 (Mcal/kg)	肉牛增重净能 (Mcal/kg)	奶牛产奶净能 (Mcal/kg)	羊消化能 (Mcal/kg)	精氨酸 (%)	组氨酸 (%)	异亮氨酸 (%)
5-10-0120	亚麻仁粕	浸提或预压浸提，NY/T 2级	1.78	1.17	1.54	6.44	2.99	12.51	3.59	0.64	1.33
5-10-0246	芝麻饼	机榨，CP 40%	1.92	1.23	1.69	7.07	3.51	14.69	2.38	0.81	1.42
5-11-0001	玉米蛋白粉	玉米去胚芽、淀粉后的面筋部分 CP 60%	2.32	1.58	2.02	8.45	4.39	18.37	1.90	1.18	2.85
5-11-0002	玉米蛋白粉	同上，中等蛋白质产品。CP 50%	2.14	1.40	1.89	7.91			1.48	0.89	1.75
5-11-0008	玉米蛋白粉	同上，中等蛋白质产品，CP 40%	0.59	1.26	1.74	7.28			1.31	0.78	11.63
5-11-0003	玉米蛋白饲料	玉米去胚芽、淀粉后的含皮残渣	0.61	1.36	1.70	7.11	3.20	13.39	0.77	0.56	0.62
4-10-0026	玉米胚芽饼	玉米湿磨后的胚芽机榨	2.03	1.40	1.75	7.32			1.16	0.45	0.53
4-10-0244	玉米胚芽粕	玉米湿磨后的胚芽浸提	1.86	1.27	1.60	6.69			1.51	0.62	0.77
5-11-0007	DDGS	玉米酒糟精及可溶物，脱水	1.98	1.26	1.75	7.32	3.50	14.64	0.98	0.59	0.98

（续表）

中国饲料号	饲料名称	饲料描述	肉牛维持净能 (Mcal/kg)	肉牛增重净能 (Mcal/kg)	奶牛产奶净能 (Mcal/kg)	羊消化能 (Mcal/kg)	精氨酸 (%)	组氨酸 (%)	异亮氨酸 (%)
5-11-0009	蚕豆粉浆蛋白	蚕豆去皮制粉丝后的浆液，脱水	2.20	9.19	1.47	6.16	1.92	8.03		5.96	1.66	2.90
5-11-0004	麦芽根	大麦芽副产品，干燥	1.63	6.84	1.02	4.29	1.43	5.98	2.73	11.42	1.22	0.54	11.08
1-05-0074	苜蓿草粉 (19%)	一茬盛花期烘干 NY/T 1级	1.29	5.40	0.73	3.04	1.15	4.81	2.36	9.87	0.78	0.39	0.68
1-05-0075	苜蓿草粉 (17%)	一茬盛花期烘干 NY/T 2级	1.29	5.38	0.73	3.05	1.14	4.77	2.29	9.58	0.74	0.32	0.66
1-05-0076	苜蓿草粉 (14%~15%)	NY/T 3级	1.11	4.66	0.57	2.40	1.00	4.18			0.61	0.19	0.58
5-11-0005	啤酒糟	大麦酿造副产品	88.0	1.56	6.55	0.93	3.90	1.39	5.82		0.98	0.51	1.18
7-15-0001	啤酒酵母	啤酒酵母菌粉，QB/T 1940-94	1.90	7.93	1.22	5.10	1.67	6.99	3.21	13.43	2.67	1.11	2.85
4-13-0075	乳清粉	乳清，脱水。低乳糖含量	2.05	8.56	1.53	6.39	1.72	7.20	3.43	14.35	0.40	0.20	0.90
5-01-0162	酪蛋白	脱水					2.31	9.67			3.26	2.82	4.66
5-14-0503	明胶						1.56	6.53	3.36	14.06	6.60	0.66	1.42

(续表)

中国饲料号	饲料名称	饲料描述	肉牛维持净能 (Mcal/kg)	肉牛增重净能 (Mcal/kg)	奶牛产奶净能 (Mcal/kg)	羊消化能 (Mcal/kg)	精氨酸 (%)	组氨酸 (%)	异亮氨酸 (%)
4-06-0076	牛奶乳糖	进口,含乳糖80%以上	2.32	1.85	7.76	1.91	7.99	0.29	0.10	0.10
4-06-0077	乳糖		9.72	2.06	8.62				
4-06-0078	葡萄糖			1.76	7.36				
4-06-0079	蔗糖			2.06	8.62				
4-02-0889	玉米淀粉			1.87	7.82				
4-17-0005	菜籽油			5.16	21.59				
4-17-0006	椰子油			5.16	21.59				
4-17-0007	玉米油			5.16	21.59				
4-17-0008	棉籽油			5.16	21.59				
4-17-0009	棕榈油			5.16	21.59				
4-17-0010	花生油			5.16	21.59				
4-17-0011	芝麻油			5.16	21.59				
4-17-0012	大豆油			5.16	21.59				
4-17-0013	葵花油			5.16	21.59				

（续表）

中国饲料号	饲料名称	饲料描述	亮氨酸	赖氨酸	蛋氨酸	胱氨酸	苯丙氨酸	酪氨酸	苏氨酸	色氨酸	缬氨酸	钠	氯（%）
4-07-0278	玉米	成熟，高油，优质	1.03	0.26	0.19	0.22	0.43	0.34	0.31	0.08	0.40	0.01	0.04
4-07-0288	玉米	成熟，高赖氨酸，优质	0.74	0.36	0.15	0.18	0.37	0.28	0.30	0.08	0.46	0.01	0.04
4-07-0279	玉米	成熟，GB/T 17890—1999, 1级	0.93	0.24	0.18	0.20	0.41	0.33	0.30	0.07	0.38	0.02	0.04
4-07-0280	玉米	成熟，GB/T 17890—1999, 2级	0.93	0.23	0.15	0.15	0.38	0.31	0.29	0.06	0.35	0.02	0.04
4-07-0272	高粱	成熟，NY/T 1级	1.08	0.18	0.17	0.12	0.45	0.32	0.26	0.08	0.44	0.03	0.09
4-07-0270	小麦	混合小麦，成熟 NY/T 2级	0.80	0.30	0.25	0.24	0.58	0.37	0.33	0.15	0.56	0.06	0.07
4-07-0274	大麦（裸）	裸大麦，成熟 NY/T 2级	0.87	0.44	0.14	0.25	0.68	0.40	0.43	0.16	0.63	0.04	
4-07-0277	大麦（皮）	皮大麦，成熟 NY/T 1级	0.91	0.42	0.18	0.18	0.59	0.35	0.41	0.12	0.64	0.02	0.15
4-07-0281	黑麦	籽粒，进口	0.64	0.37	0.16	0.25	0.49	0.26	0.34	0.12	0.52	0.02	0.04
4-07-0273	稻谷	成熟，晒干 NY/T 2级	0.58	0.29	0.19	0.16	0.40	0.37	0.25	0.10	0.47	0.04	0.07
4-07-0276	糙米	良，成熟，未去米糠	0.61	0.32	0.20	0.14	0.35	0.31	0.28	0.12	0.49	0.04	0.06

附录 奶牛常用饲料营养价值表

（续表）

中国饲料号	饲料名称	饲料描述	亮氨酸	赖氨酸	蛋氨酸	胱氨酸	苯丙氨酸	酪氨酸	苏氨酸	色氨酸	缬氨酸	钠	氯
4-07-0275	碎米	良，加工精米后的副产品	0.74	0.42	0.22	0.17	0.49	0.39	0.38	0.12	0.57	0.07	0.08
4-07-0479	粟（谷子）	合格，带壳，成熟	1.15	0.15	0.25	0.20	0.49	0.26	0.35	0.17	0.42	0.04	0.14
4-04-0067	木薯干	木薯干片，晒干 NY/T 合格	0.15	0.13	0.05	0.04	0.10	0.04	0.10	0.03	0.13	0.03	0.00
4-04-0068	甘薯干	甘薯干片，晒干 NY/T 合格	0.26	0.16	0.06	0.08	0.19	0.13	0.18	0.05	0.27	0.16	0.00
4-04-0068	次粉	黑面，黄糟，下面 NY/T 1级	1.06	0.59	0.23	0.37	0.66	0.46	0.50	0.21	0.72	0.60	0.04
4-08-0105	次粉	黑面，黄糟，下面 NY/T 2级	0.98	0.52	0.16	0.33	0.63	0.45	0.50	0.18	0.68	0.60	0.04
4-08-0069	小麦麸	传统制粉工艺 NY/T 1级	0.81	0.58	0.13	0.26	0.58	0.28	0.43	0.20	0.63	0.07	0.07
4-08-0070	小麦麸	传统制粉工艺 NY/T 2级	0.74	0.53	0.12	0.24	0.53	0.25	0.39	0.18	0.57	0.07	0.07
4-08-0041	米糠	新鲜，不脱脂 NY/T 2级	1.00	0.74	0.25	0.19	0.63	0.50	0.48	0.14	0.81	0.07	0.07
4-10-0025	米糠饼	未脱脂，机榨 NY/T 1级	1.06	0.66	0.26	0.30	0.76	0.51	0.53	0.15	0.99	0.08	

· 213 ·

(续表)

中国饲料号	饲料名称	饲料描述	亮氨酸	赖氨酸	蛋氨酸	胱氨酸	苯丙氨酸	酪氨酸	苏氨酸	色氨酸	缬氨酸	钠	氯
4-10-0018	米糠粕	浸提或预压浸提,NY/T 1级	1.30	0.72	0.28	0.32	0.82	0.55	0.57	0.17	1.07	0.09	0.10
5-09-0127	大豆	黄大豆,成熟,NY/T 2级	2.72	2.20	0.56	0.70	1.42	0.64	1.41	0.45	1.50	0.02	0.03
5-09-0128	全脂大豆	湿法膨化,生大豆为NY/T 2级	2.68	2.37	0.55	0.76	1.39	0.67	1.42	0.49	1.53	0.02	0.03
5-10-0241	大豆饼	机榨 NY/T 2级	2.75	2.43	0.60	0.62	1.79	1.53	1.44	0.64	1.70	0.02	0.02
5-10-0103	大豆粕	去皮,浸提或预压浸提 NY/T 1级	3.57	2.99	0.68	0.73	2.33	1.57	1.85	0.65	2.26	0.03	0.05
5-10-0102	大豆粕	浸提或预压浸提,NY/T 2级	3.35	2.68	0.59	0.65	2.21	1.47	1.71	0.57	2.09	0.03	0.05
5-10-0118	棉籽饼	机榨 NY/T 2级	2.07	1.40	0.41	0.70	1.88	0.95	1.14	0.39	1.51	0.04	0.14
5-10-0119	棉籽粕	浸提或预压浸提,NY/T 1级	2.67	2.13	0.56	0.66	2.43	1.11	1.35	0.54	2.05	0.04	0.04
5-10-0117	棉籽粕	浸提或预压浸提,NY/T 2级	2.47	1.97	0.58	0.68	2.28	1.05	1.25	0.51	1.91	0.04	0.04
5-10-0183	菜籽饼	机榨,NY/T 2级	2.26	1.33	0.60	0.82	1.35	0.92	1.40	0.42	1.62	0.02	
5-10-0121	菜籽粕	浸提或预压浸提,NY/T 2级	2.34	1.30	0.63	0.87	1.45	0.97	1.49	0.43	1.74	0.09	0.11
5-10-0116	花生仁饼	机榨 NY/T 2级	2.36	1.32	0.39	0.38	1.81	1.31	1.05	0.42	1.28	0.04	0.03

附录　奶牛常用饲料营养价值表

（续表）

中国饲料号	饲料名称	饲料描述	亮氨酸	赖氨酸	蛋氨酸	胱氨酸	苯丙氨酸	酪氨酸	苏氨酸	色氨酸	缬氨酸	钠	氯
5-10-0115	花生仁粕	浸提或预压浸提，NY/T 2级	2.50	1.40	0.41	0.40	1.92	1.39	1.11	0.45	1.36	0.07	0.03
1-10-0031	向日葵仁饼	壳仁比35∶65 NY/T 3级	1.76	0.96	0.59	0.43	1.21	0.77	0.98	0.28	1.35	0.02	0.01
5-10-0242	向日葵仁粕	壳仁比16∶84 NY/T 2级	2.25	1.22	0.72	0.62	1.56	0.99	1.25	0.47	1.72	0.20	0.01
5-10-0243	向日葵仁粕	壳仁比24∶76 NY/T 2级	2.07	1.13	0.69	0.50	1.43	0.91	1.14	0.37	1.58	0.20	0.10
5-10-0119	亚麻仁饼	机榨 NY/T 2级	1.62	0.73	0.46	0.48	1.32	0.50	1.00	0.48	1.44	0.09	0.04
5-10-0120	亚麻仁粕	浸提或预压浸提，NY/T 2级	1.85	1.16	0.55	0.55	1.51	0.93	1.10	0.70	1.51	0.14	0.05
5-10-0246	芝麻饼	机榨，CP 40%	2.52	0.82	0.82	0.75	1.68	1.02	1.29	0.49	1.84	0.04	0.05
5-11-0001	玉米蛋白粉	玉米去胚芽、淀粉后的面筋部分 CP 60%	11.59	0.97	1.42	0.96	4.10	3.19	2.08	0.36	2.98	0.01	0.05
5-11-0002	玉米蛋白粉	同上，中等蛋白质产品。CP 50%	7.87	0.92	1.14	0.76	2.83	2.25	1.59	0.31	2.05	0.02	
5-11-0008	玉米蛋白粉	同上，中等蛋白质产品，CP 40%	7.08	0.71	1.04	0.65	2.61	2.03	1.38		1.84	0.02	0.08
5-11-0003	玉米蛋白饲料	玉米去胚芽、淀粉后的含皮残渣	1.82	0.63	0.29	0.33	0.70	0.50	0.68	0.14	0.93	0.12	0.22

(续表)

中国饲料号	饲料名称	饲料描述	亮氨酸	赖氨酸	蛋氨酸	胱氨酸	苯丙氨酸	酪氨酸	苏氨酸	色氨酸	缬氨酸	钠	氯
4-10-0026	玉米胚芽饼	玉米湿磨后的胚芽,机榨	1.25	0.70	0.31	0.47	0.64	0.54	0.64	0.16	0.91	0.01	0.12
4-10-0244	玉米胚芽粕	玉米湿磨后的胚芽,浸提	1.54	0.75	0.21	0.28	0.93	0.66	0.68	0.18	1.66	0.01	0.17
5-11-0007	DDGS	玉米酒精糟及可溶物,脱水	2.63	0.59	0.59	0.39	1.93	1.37	0.92	0.19	1.30	0.88	
5-11-0009	蚕豆粉浆蛋白	蚕豆去皮制粉丝后的浆液,脱水	5.88	4.44	0.60	0.57	3.34	2.21	2.31		3.20	0.01	
5-11-0004	麦芽根	大麦芽前产品,干燥	1.58	1.30	0.37	0.26	0.85	0.67	0.96	0.42	1.44	0.06	0.59
1-05-0074	苜蓿草粉（19%）	一茬盛花期烘干 NY/T 1级	1.20	0.82	0.21	0.22	0.82	0.58	0.74	0.43	0.91	0.09	0.38
1-05-0075	苜蓿草粉（17%）	一茬盛花期烘干 NY/T 2级	1.10	0.81	0.20	0.16	0.81	0.54	0.69	0.37	0.85	0.17	0.46
1-05-0076	苜蓿草粉（14%~15%）	NY/T 3级	1.00	0.60	0.18	0.15	0.59	0.38	0.45	0.24	0.58	0.11	0.46
5-11-0005	啤酒糟	大麦酿造副产品	1.08	0.72	0.52	0.35	2.35	1.17	0.81		1.66	0.25	0.12
7-15-0001	啤酒酵母	啤酒酵母菌粉,QB/T 1940—94	4.76	3.38	0.83	0.50	4.07	0.12	2.33	2.08	3.40	0.10	0.12
4-13-0075	乳清粉	乳清,脱水。低乳糖含量	1.20	1.10	0.20	0.30	0.40		0.80	0.20	0.70	2.11	0.14

（续表）

中国饲料号	饲料名称	饲料描述	亮氨酸	赖氨酸	蛋氨酸	胱氨酸	苯丙氨酸	酪氨酸	苏氨酸	色氨酸	缬氨酸	钠	氯
5-01-0162	酪蛋白	脱水	8.79	7.35	2.70	0.41	4.79	4.77	3.98	1.14	6.10	0.01	0.04
5-14-0503	明胶		2.91	3.62	0.76	0.12	1.74	0.43	1.82	0.05	2.26		
4-06-0076	牛奶乳糖	进口，含乳糖80%以上	0.18	0.16	0.03	0.04	0.10	0.02	0.10	0.10	0.10		
4-06-0077	乳糖												
4-06-0078	葡萄糖												
4-06-0079	蔗糖												
4-02-0889	玉米淀粉												
4-17-0005	菜籽油												
4-17-0006	椰子油												
4-17-0007	玉米油												
4-17-0008	棉籽油												
4-17-0009	棕榈油												
4-17-0010	花生油												
4-17-0011	芝麻油												
4-17-0012	大豆油												
4-17-0013	葵花油												

(续表)

中国饲料号	饲料名称	饲料描述	镁(%)	钾(%)	铁(mg/kg)	铜(mg/kg)	锰(mg/kg)	锌(mg/kg)	硒(mg/kg)	胡萝卜素(mg/kg)	VE(mg/kg)	VB_1(mg/kg)	VB_2(mg/kg)
4-07-0278	玉米	成熟,高油,优质	0.11	0.29	36.00	3.40	5.80	21.10	0.04		22.00	3.50	1.10
4-07-0288	玉米	成熟,高赖氨酸,优质	0.11	0.29	36.00	3.40	5.80	21.10	0.04		22.00	3.50	1.10
4-07-0279	玉米	成熟,GB/T 17890—1999.1级	0.12	0.30	37.00	3.30	6.10	19.20	0.03	0.80	22.00	2.60	1.10
4-07-0280	玉米	成熟,GB/T 17890—1999.2级	0.12	0.30	37.00	3.30	6.10	19.20	0.03		22.00	2.60	1.10
4-07-0272	高粱	成熟,NY/T1级	0.15	0.34	87.00	7.60	17.10	20.10	0.05	0.40	7.00	3.00	1.30
4-07-0270	小麦	混合小麦,成熟 NY/T 2级	0.11	0.50	88.00	7.90	45.90	29.70	0.05		13.00	4.60	1.30
4-07-0274	大麦(裸)	裸大麦,成熟 NY/T 2级	0.11	0.60	100.00	7.00	18.00	30.00	0.16	4.10	48.00	4.10	1.40
4-07-0277	大麦(皮)	皮大麦,成熟 NY/T 1级	0.14	0.56	87.00	5.60	17.50	23.60	0.06		20.00	4.50	1.80
4-07-0281	黑麦	籽粒,进口	0.12	0.42	117.00	7.00	53.00	35.00	0.40		15.00	3.60	1.50
4-07-0273	稻谷	成熟,晒干 NY/T 2级	0.07	0.34	40.00	3.50	20.00	8.00	0.04		16.00	3.10	1.20

附录 奶牛常用饲料营养价值表

(续表)

中国饲料号	饲料名称	饲料描述	钙(%)	钾(%)	铁(mg/kg)	铜(mg/kg)	锰(mg/kg)	锌(mg/kg)	硒(mg/kg)	胡萝卜素(mg/kg)	VE(mg/kg)	VB$_1$(mg/kg)	VB$_2$(mg/kg)
4-07-0276	糙米	良,成熟,未去米糠	0.14	0.34	78.00	3.30	21.00	10.00	0.07		13.50	2.80	1.10
4-07-0275	碎米	良,加工精米后的副产品	0.11	0.13	62.00	8.80	47.50	36.40	0.06		14.00	1.40	0.70
4-07-0479	粟(谷子)	合格,带壳,成熟	0.16	0.43	270.00	24.50	22.50	15.90	0.08	1.20	36.30	6.60	1.60
4-04-0067	木薯干	木薯干片,晒干 NY/T 合格	0.11	0.78	150.00	4.20	6.00	14.00	0.04			1.70	0.80
4-04-0068	甘薯干	甘薯干片,晒干 NY/T 合格	0.08	0.36	107.00	6.10	10.00	9.00	0.07				
4-04-0068	次粉	黑面,黄糟,下面 NY/T 1级	0.41	0.60	140.00	11.60	94.20	73.00	0.07	3.00	20.00	16.50	1.80
4-08-0105	次粉	黑面,黄糟,下面 NY/T 2级	0.41	0.60	140.00	11.60	94.20	73.00	0.07	3.00	20.00	16.50	1.80
4-08-0069	小麦麸	传统制粉工艺 NY/T 1级	0.52	1.19	170.00	13.80	104.30	96.50	0.07	1.00	14.00	8.00	4.60
4-08-0070	小麦麸	传统制粉工艺 NY/T 2级	0.47	1.19	157.00	16.50	80.60	104.70	0.05	1.00	14.00	8.00	4.60

(续表)

中国饲料号	饲料名称	饲料描述	镁(%)	钾(%)	铁(mg/kg)	铜(mg/kg)	锰(mg/kg)	锌(mg/kg)	硒(mg/kg)	胡萝卜素(mg/kg)	VE(mg/kg)	VB_1(mg/kg)	VB_2(mg/kg)
4-08-0041	米糠	新鲜,不脱脂 NY/T 2级	0.90	1.73	304.00	7.10	175.90	50.30	0.09		60.00	22.50	2.50
4-10-0025	米糠饼	未脱脂,机榨 NY/T 1级	1.26	1.80	400.00	8.70	211.60	56.40	0.09		11.00	24.00	2.90
4-10-0018	米糠粕	浸提或预压浸提,NY/T 1级		1.80	432.00	9.40	228.40	60.90	0.10				
5-09-0127	大豆	黄大豆,成熟,NY/T 2级	0.28	1.70	111.00	18.10	21.50	40.70	0.06		40.00	12.30	2.90
5-09-0128	全脂大豆	湿法膨化,生大豆为NY/T 2级	0.28	1.70	111.00	18.10	21.50	40.70	0.06		40.00	12.30	2.90
5-10-0241	大豆饼	机榨 NY/T 2级	0.25	1.77	187.00	19.80	32.00	43.40	0.04		6.60	1.70	4.40
5-10-0103	大豆粕	去皮,浸提或预压浸提 NY/T 1级	0.28	2.05	185.00	24.00	38.20	46.40	0.10	0.20	3.10	4.60	3.00
5-10-0102	大豆粕	浸提或预压浸提,NY/T 2级	0.28	1.72	185.00	24.00	28.00	46.40	0.06	0.20	3.10	4.60	3.00
5-10-0118	棉籽饼	机榨 NY/T 2级	0.52	1.20	266.00	11.60	17.80	44.90	0.11	0.20	16.00	6.40	5.10

附录 奶牛常用饲料营养价值表

(续表)

中国饲料号	饲料名称	饲料描述	镁(%)	钾(%)	铁(mg/kg)	铜(mg/kg)	锰(mg/kg)	锌(mg/kg)	硒(mg/kg)	胡萝卜素(mg/kg)	VE(mg/kg)	VB$_1$(mg/kg)	VB$_2$(mg/kg)
5-10-0119	棉籽粕	浸提或预压浸提，NY/T 1级	0.40	1.16	263.00	14.00	18.70	55.50	0.15	0.20	15.00	7.00	5.50
5-10-0117	棉籽粕	浸提或预压浸提，NY/T 2级	0.40	1.16	263.00	14.00	18.70	55.50	0.15	0.20	15.00	7.00	5.50
5-10-0183	菜籽饼	机榨，NY/T 2级		1.34	687.00	7.20	78.10	59.20	0.29				3.70
5-10-0121	菜籽粕	浸提或预压浸提，NY/T 2级	0.51	1.40	653.00	7.10	82.20	67.50	0.16		54.00	5.20	5.20
5-10-0116	花生仁饼	机榨 NY/T 2级	0.33	1.14	347.00	23.70	36.70	52.50	0.06		3.00	7.10	11.00
5-10-0115	花生仁粕	浸提或预压浸提，NY/T 2级	0.31	1.23	368.00	25.10	38.90	55.70	0.06		3.00	5.70	18.00
1-10-0031	向日葵仁饼	壳仁比 35:65 NY/T 3级	0.75	1.17	424.00	45.60	41.50	62.10	0.09		0.90		
5-10-0242	向日葵仁饼	壳仁比 16:84 NY/T 2级	0.75	1.00	226.00	32.80	34.50	82.70	0.06		0.70	4.60	2.30
5-10-0243	向日葵仁粕	壳仁比 24:76 NY/T 2级	0.68	1.23	310.00	35.00	35.00	80.00	0.08			3.00	3.00
5-10-0119	亚麻仁饼	机榨 NY/T 2级	0.58	1.25	204.00	27.00	40.30	36.00	0.18		7.70	2.60	4.10

· 221 ·

(续表)

中国饲料号	饲料名称	饲料描述	钙(%)	钾(%)	铁(mg/kg)	铜(mg/kg)	锰(mg/kg)	锌(mg/kg)	硒(mg/kg)	胡萝卜素(mg/kg)	VE(mg/kg)	VB_1(mg/kg)	VB_2(mg/kg)
5-10-0120	亚麻仁粕	浸提或预压浸提 NY/T 2级	0.56	1.38	219.00	25.50	43.30	38.70	0.18	0.20	5.80	7.50	3.20
5-10-0246	芝麻饼	机榨，CP 40%	0.50	1.39	1780.00	50.40	32.00	2.40	0.21	0.20	0.30	2.80	3.60
5-11-0001	玉米蛋白粉	玉米去胚芽、淀粉后的面筋部分 CP 60%	0.08	0.30	230.00	1.90	5.90	19.20	0.02	44.00	25.50	0.30	2.20
5-11-0002	玉米蛋白粉	同上，中等蛋白质产品。CP 50%		0.35	332.00	10.00	78.00	49.00					
5-11-0008	玉米蛋白粉	同上，中等蛋白质产品，CP 40%	0.05	0.40	400.00	28.00	7.00		1.00	16.00	19.90	0.20	1.50
5-11-0003	玉米蛋白饲料	玉米去胚芽、淀粉后的含皮残渣	0.42	1.30	282.00	10.70	77.10	59.20	0.23	8.00	14.80	2.00	2.40
4-10-0026	玉米胚芽饼	玉米湿磨后的胚芽，机榨	0.10	0.30	99.00	12.80	19.00	108.10		2.00	87.00		3.70
4-10-0244	玉米胚芽粕	玉米湿磨后的胚芽，浸提	0.16	0.69	214.00	7.70	23.30	126.60	0.33	2.00	80.80	1.10	4.00
5-11-0007	DDGS	玉米酒精糟及可溶物，脱水	0.35	0.98	197.00	43.90	29.50	83.50	0.37	3.50	40.00	3.50	8.60

附录 奶牛常用饲料营养价值表

（续表）

中国饲料号	饲料名称	饲料描述	镁(%)	钾(%)	铁(mg/kg)	铜(mg/kg)	锰(mg/kg)	锌(mg/kg)	硒(mg/kg)	胡萝卜素(mg/kg)	VE(mg/kg)	VB$_1$(mg/kg)	VB$_2$(mg/kg)
5-11-0009	蚕豆粉浆蛋白	蚕豆去皮制粉丝后的浆液，脱水		0.06		22.00	16.00						
5-11-0004	麦芽根	大麦芽副产品，干燥	0.16	2.18	198.00	5.30	67.80	42.40	0.60		4.20	0.70	1.50
1-05-0074	苜蓿草粉(19%)	一茬盛花期烘干 NY/T 1级	0.30	2.08	372.00	9.10	30.70	17.10	0.46	94.60	144.00	5.80	15.50
1-05-0075	苜蓿草粉(17%)	一茬盛花期烘干 NY/T 2级	0.36	2.40	361.00	9.70	30.70	21.00	0.46	94.60	125.00	3.40	13.60
1-05-0076	苜蓿草粉(14%~15%)	NY/T 3级	0.36	2.22	437.00	9.10	33.20	22.60	0.48	63.00	98.00	3.00	10.60
5-11-0005	啤酒糟	大麦酿造副产品	0.19	0.08	274.00	20.10	35.60	104.00	0.41	0.20	27.00	0.60	1.50
7-15-0001	啤酒酵母	啤酒酵母菌粉，QB/T 1940—94	0.23	1.70	248.00	61.00	22.30	86.70	1.00		2.20	91.80	37.00
4-13-0075	乳清粉	乳清，脱水。低乳糖含量	0.13	1.81	160.00	43.10	4.60	3.00	0.06		0.30	3.90	29.90
5-01-0162	酪蛋白	脱水	0.01	0.01	14.00	4.00	4.00	30.00	0.16			0.40	1.50
5-14-0503	明胶		0.05										

(续表)

中国饲料号	饲料名称	饲料描述	镁(%)	钾(%)	铁(mg/kg)	铜(mg/kg)	锰(mg/kg)	锌(mg/kg)	硒(mg/kg)	胡萝卜素(mg/kg)	VE(mg/kg)	VB$_1$(mg/kg)	VB$_2$(mg/kg)
4-06-0076	牛奶乳糖	进口,含乳糖80%以上	0.15	2.40									
4-06-0077	乳糖												
4-06-0078	葡萄糖												
4-06-0079	蔗糖												
4-02-0889	玉米淀粉												
4-17-0005	菜籽油												
4-17-0006	椰子油												
4-17-0007	玉米油												
4-17-0008	棉籽油												
4-17-0009	棕榈油												
4-17-0010	花生油												
4-17-0011	芝麻油												
4-17-0012	大豆油												
4-17-0013	葵花油												

附录　奶牛常用饲料营养价值表

（续表）

中国饲料号	饲料名称	饲料描述	泛酸 (mg/kg)	烟酸 (mg/kg)	生物素 (mg/kg)	叶酸 (mg/kg)	胆碱 (mg/kg)	VB_6 (mg/kg)	VB_{12} (μg/kg)	亚油酸 (%)
4-07-0278	玉米	成熟，高油，优质	5.00	24.00	0.06	0.15	620.00	10.00		2.20
4-07-0288	玉米	成熟，高赖氨酸，优质	5.00	24.00	0.06	0.15	620.00	10.00		2.20
4-07-0279	玉米	成熟，GB/T 17890—1999，1级	3.90	21.00	0.08	0.12	620.00	10.00	0.00	2.20
4-07-0280	玉米	成熟，GB/T 17890—1999，2级	3.90	21.00	0.08	0.12	620.00	10.00		2.20
4-07-0272	高粱	成熟，NY/T1级	12.40	41.00	0.26	0.20	668.00	5.20	0.00	1.13
4-07-0270	小麦	混合小麦，成熟 NY/T 2级	11.90	51.00	0.11	0.36	1040.00	3.70	0.00	0.59
4-07-0274	大麦（裸）	裸大麦，成熟 NY/T 2级		87.00				19.30	0.00	
4-07-0277	大麦（皮）	皮大麦，成熟 NY/T 1级	8.00	55.00	0.15	0.07	990.00	4.00	0.00	0.83
4-07-0281	黑麦	籽粒，进口	8.00	16.00	0.06	0.60	440.00	2.60	0.00	0.76
4-07-0273	稻谷	成熟，晒干 NY/T 2级	3.70	34.00	0.08	0.45	900.00	28.00	0.00	0.28

（续表）

中国饲料号	饲料名称	饲料描述	泛酸 (mg/kg)	烟酸 (mg/kg)	生物素 (mg/kg)	叶酸 (mg/kg)	胆碱 (mg/kg)	VB_6 (mg/kg)	VB_{12} (μg/kg)	亚油酸 (%)
4-07-0276	糙米	良，成熟，未去米糠	11.00	30.00	0.08	0.40	1014.00	0.04	0.00	
4-07-0275	碎米	良，加工精米后的副产品	8.00	30.00	0.08	0.20	800.00	28.00	0.00	
4-07-0479	粟（谷子）	合格，带壳，成熟	7.40	53.00		15.00	790.00			0.84
4-04-0067	木薯干	木薯干片，晒干 NY/T 合格	1.00	3.00				1.00	0.00	0.10
4-04-0068	甘薯干	甘薯干片，晒干 NY/T 合格								
4-04-0068	次粉	黑面，黄糟，下面 NY/T 1级	15.60	72.00	0.33	0.76	1187.00	9.00	0.00	1.74
4-08-0105	次粉	黑面，黄糟，下面 NY/T 2级	15.60	72.00	0.33	0.76	1187.00	9.00	0.00	1.74
4-08-0069	小麦麸	传统制粉工艺 NY/T 1级	31.00		0.36	0.63	980.00	7.00	0.00	1.70
4-08-0070	小麦麸	传统制粉工艺 NY/T 2级	31.00	186.00	0.36	0.63	980.00	7.00	0.00	1.70
4-08-0041	米糠	新鲜，不脱脂 NY/T 2级	23.00	293.00	0.42	2.20	1135.00	14.00	0.00	3.57

（续表）

中国饲料号	饲料名称	饲料描述	泛酸 (mg/kg)	烟酸 (mg/kg)	生物素 (mg/kg)	叶酸 (mg/kg)	胆碱 (mg/kg)	VB_6 (mg/kg)	VB_{12} (μg/kg)	亚油酸 (%)
4-10-0025	米糠饼	未脱脂，机榨 NY/T 1级	94.90	689.00	0.70	0.88	1 700.00	54.00	40.00	
4-10-0018	米糠粕	浸提或预压浸提，NY/T 1级								
5-09-0127	大豆	黄大豆，成熟，NY/T 2级	17.40	24.00	0.42	2.00	3 200.00	12.00	0.00	8.00
5-09-0128	全脂大豆	湿法膨化，生大豆为NY/T 1级	17.40	24.00	0.42	4.00	3 200.00	12.00	0.00	8.00
5-10-0241	大豆饼	机榨 NY/T 2级	13.80	37.00	0.32	0.45	2 673.00	10.00	0.00	0.51
5-10-0103	大豆粕	去皮，浸提或预压浸提 NY/T 1级	16.40	30.70	0.33	0.81	2 858.00	6.10	0.00	0.51
5-10-0102	大豆粕	浸提或预压浸提，NY/T 2级	16.40	30.70	0.33	0.81	2 858.00	6.10	0.00	0.51
5-10-0118	棉籽饼	机榨 NY/T 2级	10.00	38.00	0.53	1.65	2 753.00	5.30	0.00	2.47
5-10-0119	棉籽粕	浸提或预压浸提，NY/T 1级	12.00	40.00	0.30	2.51	2 933.00	5.10	0.00	1.51
5-10-0117	棉籽粕	浸提或预压浸提，NY/T 2级	12.00	40.00	0.30	2.51	2 933.00	5.10	0.00	1.51

（续表）

中国饲料号	饲料名称	饲料描述	泛酸 (mg/kg)	烟酸 (mg/kg)	生物素 (mg/kg)	叶酸 (mg/kg)	胆碱 (mg/kg)	VB_6 (mg/kg)	VB_{12} (μg/kg)	亚油酸 (%)
5-10-0183	菜籽饼	机榨，NY/T 2 级								0.42
5-10-0121	菜籽粕	浸提或预压浸提 NY/T 2 级	9.50	160.00	0.98	0.95	6 700.00	7.20	0.00	1.43
5-10-0116	花生仁饼	机榨 NY/T 2 级	47.00	166.00	0.33	0.40	1 655.00	10.00	0.00	0.24
5-10-0115	花生仁粕	浸提或预压浸提 NY/T 2 级	53.00	173.00	0.39	0.39	1 854.00	10.00	0.00	
1-10-0031	向日葵仁饼	壳仁比 35:65 NY/T 3 级	4.00	86.00	1.40	0.40	800.00			0.98
5-10-0242	向日葵仁粕	壳仁比 16:84 NY/T 2 级	39.00	22.00	1.70	1.60	3 260.00	17.20	0.00	
5-10-0243	向日葵仁粕	壳仁比 24:76 NY/T 2 级	29.90	14.00	1.40	1.14	3 100.00	11.10	0.00	1.07
5-10-0119	亚麻仁饼	机榨 NY/T 2 级	16.50	37.40	0.36	2.90	1 672.00	6.10		0.36
5-10-0120	亚麻仁粕	浸提或预压浸提，NY/T 2 级	14.70	33.00	0.41	0.34	1 512.00	6.00	200.00	1.90
5-10-0246	芝麻饼	机榨，CP 40%	6.00	30.00	2.40		1 536.00	12.50	0.00	

(续表)

中国饲料号	饲料名称	饲料描述	泛酸 (mg/kg)	烟酸 (mg/kg)	生物素 (mg/kg)	叶酸 (mg/kg)	胆碱 (mg/kg)	VB_6 (mg/kg)	VB_{12} (μg/kg)	亚油酸 (%)
5-11-0001	玉米蛋白粉	玉米去胚芽、淀粉后的面筋部分 CP 60%	3.00	55.00	0.15	0.20	330.00	6.90	50.00	1.17
5-11-0002	玉米蛋白粉	同上，中等蛋白质产品，CP 50%								
5-11-0008	玉米蛋白粉	同上，中等蛋白质产品，CP 40%	9.60	54.50	0.15	0.22	330.00			1.43
5-11-0003	玉米蛋白饲料	玉米去胚芽、淀粉后的含皮残渣	17.80	75.50	0.22	0.28	1 700.00	13.00	250.00	1.47
4-10-0026	玉米胚芽饼	玉米湿磨后的胚芽，机榨	3.30	42.00			1 936.00			1.47
4-10-0244	玉米胚芽粕	玉米湿磨后的胚芽，浸提	4.40	37.70	0.22	0.20	2 000.00			2.15
5-11-0007	DDGS	玉米酒精糟及可溶物，脱水	11.00	75.00	0.30	0.88	2 637.00	2.28	10.00	
5-11-0009	蚕豆粉浆蛋白	蚕豆去皮制粉丝后的浆液，脱水								
5-11-0004	麦芽根	大麦芽副产品，干燥	8.60	43.30		0.20	1 548.00			0.46

(续表)

中国饲料号	饲料名称	饲料描述	泛酸 (mg/kg)	烟酸 (mg/kg)	生物素 (mg/kg)	叶酸 (mg/kg)	胆碱 (mg/kg)	VB_6 (mg/kg)	VB_{12} (μg/kg)	亚油酸 (%)
1-05-0074	苜蓿草粉 (19%)	一茬盛花期烘干 NY/T 1级	34.00	40.00	0.35	4.36	1 419.00	8.00	0.00	0.44
1-05-0075	苜蓿草粉 (17%)	一茬盛花期烘干 NY/T 2级	29.00	38.00	0.30	4.20	1 401.00	6.50	0.00	0.35
1-05-0076	苜蓿草粉 (14%~15%)	NY/T 3级	20.80	41.80	0.25	1.54	1 548.00			
5-11-0005	啤酒糟	大麦酿造副产品	8.60	43.00	0.24	0.24	1723.00	0.70	0.00	2.94
7-15-0001	啤酒酵母	啤酒酵母菌粉,QB/T 1940—94	109.00	448.00	0.63	9.90	3 984.00	42.80	999.90	0.04
4-13-0075	乳清粉	乳清,脱水,低乳糖含量	47.00	10.00	0.34	0.66	1 500.00	4.00	20.00	0.01
5-01-0162	酪蛋白	脱水	2.70	1.00	0.04	0.51	205.00	0.40		
5-14-0503	明胶									
4-06-0076	牛奶乳糖	进口,含乳糖80%以上								
4-06-0077	乳糖									
4-06-0078	葡萄糖									

附录 奶牛常用饲料营养价值表

（续表）

中国饲料号	饲料名称	饲料描述	泛酸 (mg/ kg)	烟酸 (mg/ kg)	生物素 (mg/ kg)	叶酸 (mg/ kg)	胆碱 (mg/ kg)	VB_6 (mg/ kg)	VB_{12} (μg/ kg)	亚油酸 (%)
4-06-0079	蔗糖									
4-02-0889	玉米淀粉									
4-17-0005	菜籽油									
4-17-0006	椰子油									
4-17-0007	玉米油									
4-17-0008	棉籽油									
4-17-0009	棕榈油									
4-17-0010	花生油									
4-17-0011	芝麻油									
4-17-0012	大豆油									
4-17-0013	葵花油									

无机来源微量元素的估测生物学利用率

元素名称	中文名称	英文名称	化学分子式	元素含量(%)	相对生物学利用率(%)
锌(Zn)	一水硫酸锌	Zinc sulfate (monohydrate)	$ZnSO_4 \cdot H_2O$	35.5	100
锌(Zn)	氧化锌	Zinc oxide	ZnO	72	50~80
锌(Zn)	七水硫酸锌	Zinc sulfate (heptahydrate)	$ZnSO_4 \cdot 7H_2O$	22.3	100
锌(Zn)	碳酸锌	Zinc carbonate	$ZnCO_3$	56	100
锌(Zn)	氯化锌	Zinc chloride	$ZnCl_2$	48	100
硒(Se)	亚硒酸钠	Sodium selenite	Na_2SeO_3	45	100
硒(Se)	十水亚硒酸钠	Sodium selenite (decahydrate)	$Na_2SeO_3 \cdot 10H_2O$	21.4	100
铜(Cu)	五水硫酸铜	Cupric sulfate (pentahydrate)	$CuSO_4 \cdot 5H_2O$	25.2	100
铜(Cu)	碱式氯化铜	Cupric chloride, tribasic	$Cu_2(OH)_3Cl$	58	100
铜(Cu)	氧化铜	Cupric oxide	CuO	75	0~10
铜(Cu)	一水碱式碳酸铜	Cupric carbonate (monohydrate)	$CuCO_3 \cdot Cu(OH)_2 \cdot H_2O$	50.0~55.0	60~100
铜(Cu)	无水硫酸铜	Cupric sulfate (anhydrous)	$CuSO_4$	39.9	100
铁(Fe)	一水硫酸亚铁	Ferrous sulfate (monohydrate)	$FeSO_4 \cdot H_2O$	30	100
铁(Fe)	七水硫酸亚铁	Ferrous sulfate (heptahydrate)	$FeSO_4 \cdot 7H_2O$	20	100

附录　奶牛常用饲料营养价值表

（续表）

元素名称	中文名称	英文名称	化学分子式	元素含量（%）	相对生物学利用率（%）
铁（Fe）	碳酸亚铁	Ferrous carbonate	$FeCO_3$	38	15~80
铁（Fe）	三氧化二铁	Ferric oxide	Fe_2O_3	69.9	0
铁（Fe）	六水氯化铁	Ferric chloride (hexahydrate)	$FeCl_3 \cdot 6H_2O$	20.7	40~100
铁（Fe）	氧化亚铁	Ferrous oxide	FeO	77.8	
锰（Mn）	一水硫酸锰	Manganous sulfate (monohydrate)	$MnSO_4 \cdot H_2O$	29.5	100
锰（Mn）	氧化锰	Manganous oxide	MnO	60	70
锰（Mn）	二氧化锰	Manganous dioxide	MnO_2	63.1	35~95
锰（Mn）	碳酸锰	Manganous carbonate	$MnCO_3$	46.4	30~100
锰（Mn）	四水氯化锰	Manganous chloride (tetrahydrate)	$MnCl_2 \cdot 4H_2O$	27.5	100
钴（Co）	六水氯化钴	Cobalt dichloride (hexahydrate)	$CoCl_2 \cdot 6H_2O$	24.3	100
钴（Co）	七水硫酸钴	Cobalt sulfate (heptahydrate)	$CoSO_4 \cdot 7H_2O$	21	100
钴（Co）	一水硫酸钴	Cobalt sulfate (monohydrate)	$CoSO_4 \cdot H_2O$	34.1	100
钴（Co）	一水氯化钴	Cobalt dichloride (monohydrate)	$CoCl_2 \cdot H_2O$	39.9	100

（续表）

元素名称	中文名称	英文名称	化学分子式	元素含量(%)	相对生物学利用率(%)
碘 (I)	乙二胺双氢碘化物	Ethylenediamine dihydroiodide (EDDI)	$C_2H_8N_2 2HI$	79.5	100
碘 (I)	碘酸钙	Calcium iodate	$Ca(IO_3)_2$	63.5	100
碘 (I)	碘化钾	Potassium iodide	KI	68.8	100
碘 (I)	碘酸钾	Potassium iodate	KIO_3	59.3	100
碘 (I)	碘化铜	Cupric iodide	CuI	66.6	100

注：表中数据来源于《中国饲料学》(2000，张子仪主编）及《猪营养需要》(NRC，1998）中相关数据。
a 列于每种微量元素下的第一种来源通常作为标准，其他来源与其相比较估算相对生物学利用率。
b 斜体字表示较少使用的微量元素来源。
c "—" 表示无有效的数值。

常用矿物质饲料中矿物元素的含量（以饲喂状态为基础）

序号	中国饲料号	饲料名称	英文名称	化学分子式	钙 (%)	磷 (%)	钠 (%)	氯 (%)	钾 (%)	镁 (%)	硫 (%)	铁 (%)	锰 (%)
1	6-14-0001	碳酸钙，饲料级轻质	Calcium carbonate	$CaCO_3$	38.42	0.02	0.08	0.02	0.08	1.61	0.08	0.06	0.02
2	6-14-0002	磷酸氢钙，无水	Calcium phosphate (dibasic), anhydrous	$CaHPO_4$	29.6	22.77	95~100		0.15	0.8	0.8	0.79	0.14
3	6-14-0003	磷酸氢钙，2个结晶水	Calcium phosphate (dibasic), dehydrate	$CaHPO_4 \cdot 2H_2O$	23.29	18	95~100	0.47					
4	6-14-0004	磷酸二氢钙	Calcium phosphate (monobasic) monohydrate	$Ca(H_2PO_4)_2 \cdot H_2O$	15.9	24.58	100		0.16	0.9	0.8	0.75	0.01
5	6-14-0005	磷酸三钙（磷酸钙）	Calcium phosphate (tribasic)	$Ca_3(PO_4)_2$	38.76	20	0.2						
6	6-14-0006	石粉 c，石灰石，方解石等	Limestone, calcite etc.		35.84	0.01	0.06	0.02	0.11	2.06	0.04	0.35	0.02
7	6-14-0007	骨粉，脱脂	Bone meal		29.8	12.5	80~90		0.2	0.3	2.4		0.03
8	6-14-0008	贝壳粉	Shell meal		32~35								
9	6-14-0009	蛋壳粉	Egg shell meal		30~40	0.1~0.4	0.04						

（续表）

序号	中国饲料号	饲料名称	英文名称	化学分子式	钙(%)	磷(%)	(%)	钠(%)	氯(%)	钾(%)	镁(%)	硫(%)	铁(%)	锰(%)
10	6-14-0010	磷酸氢铵	Ammonium phosphate (dibasic)	$(NH_4)_2HPO_4$	0.35	23.48	100	0.2		0.16	0.75	1.5	0.41	0.01
11	6-14-0011	磷酸二氢铵	Ammonium phosphate (monobasic)	$NH_4H_2PO_4$		26.93	100							
12	6-14-0012	磷酸氢二钠	Sodium phosphate (dibasic)	Na_2HPO_4	0.09	21.82	100	31.04						
13	6-14-0013	磷酸二氢钠	Sodium phosphate (monobasic)	NaH_2PO_4		25.81	100	19.17	0.02	0.01	0.01			
14	6-14-0014	碳酸钠	Sodium carbonate	Na_2CO_3	43.3									
15	6-14-0015	碳酸氢钠	Sodium bicarbonate	$NaHCO_3$	0.01			27		0.01				
16	6-14-0016	氯化钠	Sodium chloride	$NaCl$	0.3			39.5	59		0.005	0.2	0.01	
17	6-14-0017	氯化镁	Magnesium chloride hexahydrate	$MgCl_2·6H_2O$							11.95			

附录 奶牛常用饲料营养价值表

(续表)

序号	中国饲料号	饲料名称	英文名称	化学分子式	钙(%)	磷(%)	钠(%)	氯(%)	钾(%)	镁(%)	硫(%)	铁(%)	锰(%)
18	6-14-0018	碳酸镁	Magnesium carbonate	MgCO₃·Mg(OH)₂	0.02					34			0.01
19	6-14-0019	氧化镁	Magnesium oxide	MgO	1.69				0.02	55	0.1	1.06	
20	6-14-0020	硫酸镁,7个结晶水	Magnesium sulfate heptahydrate	MgSO₄·7H₂O	0.02			0.01		9.86	13.01		
21	6-14-0021	氯化钾	Potassium chloride	KCl	0.05		1	47.56	52.44	0.23	0.32	0.06	0
22	6-14-0022	硫酸钾	Potassium sulfate	K₂SO₄	0.15		0.09	1.5	44.87	0.6	18.4	0.07	0

注:①数据来源:《中国饲料学》(2000,张子仪主编)及《猪营养需要》(NRC,1998)中相关数据。
②饲料中使用的矿物质添加剂,一般不是化学纯化合物,其组成成分的变异较大。如果能得到,一般应采用原料供给商的分析结果。例如饲料级的磷酸氢钙在含有一些磷酸二氢钙,而磷酸一氢钙中也含有一些磷酸氢钙。
a. 在大多数来源的磷酸氢钙、磷酸二氢钙、脱氟磷酸钙、碳酸钙、硫酸钙中的磷的生物学利用率为90%~100%,在高镁含量的石粉或白云石粉中钙或磷酸钠和方解石粉中估计钙的生物学利用率为50%~80%。
b. 生物学效价估计值通常以相当于磷酸氢钙中所示的磷的生物学效价表示。
c. 大多数方解石粉中含有38%或相当于表中所示高于表中所示的钙和低于表中所示的镁。

参考文献

艾斯坎, 2012. 奶牛瘤胃积食的诊治 [J]. 畜牧兽医科技信息 (8): 52.

卜登攀, 等, 译, 2023. 奶牛营养需要 [M]. 第8次修订版. 北京: 中国农业科学技术出版社.

陈代文, 2015. 动物营养与饲料学 [M]. 2版. 北京: 中国农业出版社.

冯仰廉, 2004. 反刍动物营养学 [M]. 北京: 科学出版社.

韩兆玉, 王根林, 2021. 养牛学 [M]. 4版. 北京: 中国农业出版社.

蒋树林, 陈俊杰, 等, 2018. 奶牛营养与生理 [M]. 北京: 中国农业出版社.

李仁峰, 李树彬, 2009. 奶牛瘤胃功能的调控 [J]. 农村实用科技信息 (1): 25.

李胜利, 2020. 奶牛营养学 [M]. 北京: 科学出版社.

孟庆翔, 杨军香, 2016. 全株玉米青贮制作与质量评价 [M]. 北京: 中国农业科学技术出版社.

穆国冬, 孙亮, 龙淼, 等, 2010. 围产期奶牛瘤胃功能的调控 [J]. 上海畜牧兽医通讯 (4): 50-51.

孙鹏, 2020. 围产期奶牛饲养管理关键技术 [M]. 北京: 中国农业科学技术出版社.

韦鸿战, 莫彦, 2012. 反刍动物瘤胃微生物蛋白合成的机理及影响因素进展 [J]. 北京农业 (21): 122.

参考文献

熊本海,罗清尧,等,2003. 奶牛营养参数与典型日粮配方 [M]. 北京:中国农业科学技术出版社.

杨敦启,2020. 点石成金-奶牛金钥匙技术手册 [M]. 北京:中国农业大学出版社.

张广利,苏江涛,2012. 奶牛瘤胃积食的综合防治 [J]. 畜牧兽医科技信息 (9):43.

张谦,王雪坤,2008. 浅谈奶牛瘤胃功能的调控 [J]. 畜牧兽医科技信息 (12):62.

参考文献

陈木福,吴清亮,等. 2003. 猪牛羊养殖与疫病防治新技术 [M]. 北京：中国农业科学技术出版社.

郭豫杰. 2050. 饮村规模化一猪羊兔金鸡蛋技术问题 [M]. 北京：中国农业大学出版社.

张仁舟,涂正沿好. 2012. 猪牛羊疾病的分类综合防治 [J]. 畜牧兽医科技信息,（6）: 42.

张维,王艺涵. 2005. 炎热条件下规模化养殖场的降温方式 [J]. 饲料与畜牧,（12）: 62.